U0163263

后浪

诗 意 图 鉴

动物诗人

[法] 埃马纽埃尔·普伊德巴（Emmanuelle Pouydebat）文

[法] 朱莉·泰拉佐尼（Julie Terrazzoni）图

陈阳 译

北京联合出版公司
Beijing United Publishing Co.,Ltd

图书在版编目（CIP）数据

动物诗人 / (法) 埃马纽埃尔・普伊德巴文 ; (法) 朱莉・泰拉佐尼图 ; 陈阳译. -- 北京 : 北京联合出版公司, 2022.2

（诗意图鉴）

ISBN 978-7-5596-5788-6

Ⅰ. ①动… Ⅱ. ①埃… ②朱… ③陈… Ⅲ. ①动物—普及读物 Ⅳ. ①Q95-49

中国版本图书馆CIP数据核字(2021)第251647号

Atlas De Zoologie Poétique
Text by Emmanuelle Pouydebat
Illustrations by Julie Terrazzoni
Graphic design by Karin Doering-Froger

动物诗人

著　　者：［法］埃马纽埃尔・普伊德巴　［法］朱莉・泰拉佐尼
译　　者：陈　阳
出 品 人：赵红仕
选题策划：银杏树下
出版统筹：吴兴元
编辑统筹：郝明慧
特约编辑：刘叶茹
责任编辑：徐　樟
营销推广：ONEBOOK
装帧制造：墨白空间・肖雅

北京联合出版公司出版
（北京市西城区德外大街 83 号楼 9 层　100088）
后浪出版咨询（北京）有限责任公司发行
天津图文方嘉印刷有限公司　新华书店经销
字数 82 千字　787 毫米 × 1092 毫米　1/16　9.25 印张
2022 年 2 月第 1 版　2022 年 2 月第 1 次印刷　印数 6000
ISBN 978-7-5596-5788-6
定价：118.00 元

作者简介：

埃马纽埃尔·普伊德巴（Emmanuelle Pouydebat），法国国家科研中心和法国国家自然历史博物馆研究主管。她的专业领域是动物行为的演化，目前正致力于开展跨学科研究。

朱莉·泰拉佐尼（Julie Terrazzoni），法国图卢兹人，目前在巴黎生活和工作。索邦大学艺术硕士，在布鲁塞尔取得装饰画家文凭。曾先后担任电影院的装饰画家和剧院的场景设计师，现为艺术教师和插画作者。

译者简介：

陈阳，北京语言大学翻译硕士，法语和英语译者、自由写作者。专注于文学和社科类图书翻译，已出版译著《密室推理讲座》《一个孤独漫步者的遐想》《人间食粮》《法老的宝藏》等。

目　录

献给亚历山大，我的小神兽，

希望爱观察、爱实验的你，

终有一天能阅读妈妈写的书籍。

献给我的兄弟安东尼、我的父母吉吉和弗兰克。

前 言

如何从现有的约 121 万个动物物种里遴选出 36 个不同寻常的动物物种？每一个动物物种都与众不同，让人心生怜爱。该如何从中精挑细选？选择的标准又是什么？是它们的外表？不可思议的能力？还是它们的习性、形态、适应性、稀有程度？对人类的潜在益处？距离人类的远近？进化的古老历史？奇怪程度？这本书中的 36 个神奇动物物种究竟是如何选出来的呢？

要知道，在动物王国里，一切皆是诗。诗歌（poésie）一词源自古希腊语 ποίησις，其动词形式 ποιειν 的意思是“做事、创造”。动物皆是充满激情、具有探索精神、心怀天地的诗人，它们活动、创造、求偶、歌唱、探索，也促使人类反思世界、感知世间生灵。大自然的鬼斧神工真让人叹为观止……

据估算，当今世界约生活着 121 万个动物物种。无论在高山还是海底，干旱沙漠还是极寒地带，都能看到它们的身影。虽然每个物种都是独一无二的，但它们拥有共同的祖先。说到祖先，目前最古老的动物化石已有近 7 亿年的历史。早在前寒武纪时期，某些动物挖出的洞穴形成了化石，一直保留至今，而水母等动物种群早在埃迪卡拉动物群[1]中便已存在。

1. 埃迪卡拉动物群（faune d'Ediacara）是位于澳大利亚南部埃迪卡拉地区的前寒武纪生物化石群，距今 5.65—5.43 亿年前，包括腔肠动物门、节肢动物门和环节动物门等 8 科 22 属 31 种低等多细胞无脊椎动物。（本书脚注均为译者注）

动物世界已在进化历程中静静走过了至少7亿年的时光，我们至今仍有机会观察并研究它们，没有什么比这更富有诗意了。本书旨在带你走进生命的神奇国度，在这个国度里，海龟在海底遨游，蜥蜴在水面行走，昆虫假装自己是花朵，鸟儿不会飞，青蛙能复活，鲨鱼则孤身繁育幼崽。欢迎来到诗意动物世界，在这里，不同寻常的动物们觅食、求偶、疗愈、再生、抵抗、自卫，奋力求生。

第一章

超乎想象的动物

非凡巨兽

非洲象

学名：*Loxodonta africana*
身高 3—4 米

像非洲象这样复杂、矛盾又吸引人的物种可谓世间罕有。这种现存最大的陆地哺乳动物可爱又温柔，没有任何一种动物能与之相比。复杂又吸引人？是的！因为非洲象身上集合了诸多让人难以置信的行为和生理机能。充满矛盾？没错。有时，它体态轻盈地在水中游泳，对幼崽温柔又耐心，对同伴无私奉献；有时，它却以重达 5 吨至 7 吨的庞大身躯向你袭来，除了携带武器的人类，没有任何捕食者敢与之发生冲突。

另外，非洲象的历史也充满了矛盾。想象一下吧！大象的祖先原始长鼻兽是一种生活在距今约 6000 万年前的小型动物，体重只有 5 千克，肩高不足 50 厘米。而在大约 400 万年前出现过的猛犸象，体重超过 12 吨，肩高 5 米，是如今大象的 2 倍！

要说非洲象第一件卓尔不群的本领，那当数它非凡的记忆力。非洲象每天都要进食大量草料，为了找到足够的食物，它不得不长途跋涉。在纳米比亚的沙漠地带，象群要在 5 个月里走 600 多千米。非洲象可以记住水源地的位置，到了旱季，它每 4 天就要去水源地喝一次水，而不同水源地之间的距离可能超过 60 千米。在严重干旱的情况下，它不得不走出巢域[1]，寻找维持幼象和象群生存不可或缺的资源。在此类极端情况下，为族群指引方向的将是德高望重的母象族长，它具备出色的方向感和空间感，清楚记得曾经去过的地方。由此可见，只有由经验丰富的年长母象（35 岁以上）统率的家族才有可能在巢域之外的地方存活下来。肯尼亚安博塞利国家公园中栖息的非洲象甚至记得曾经靠近它的人类的气味、长相和声音特征，而且能判断出对方是潜在敌人（比如马赛族猎手）还是普通游客。

巨象死，长牙存。

——非洲谚语

1. 巢域：动物个体或群体的居住区域和日常活动范围。

非洲象的听觉非常敏锐，对人类无法听见的次声波十分敏感。因此，它能感知来自大地深处的地震波、遥远的水源和捕食者，甚至能判断出100多千米外是否在下雨。它还能听到云层发出的次声波，于是可以提前几天或几周就赶到将要下大雨的地方去。

除了记忆力好和听觉敏锐，非洲象还懂得使用工具。它知道在树干上摩擦身体可以驱赶飞蝇，并将这个窍门传授给幼象。它还知道在地上挖洞可以找到淡水，而且会用树皮盖住洞口，防止水分蒸发。它甚至懂得给自己寻医问药，选择性地进食一些植物，治疗病痛或促进分娩。另外，它还会耍小聪明。人工驯养的象会给自己脖子上的铃铛糊一层泥，让铃铛不再发出声响，这样当它去农田搞破坏时，就不会被人发现了。真是个妙招啊！

非洲象具有同理心。它们彼此鼓励和安慰，一同照料孤儿，齐心协力拉出陷入泥淖的小象，帮助同伴拔出深深扎进身体的长矛——面对此情此景，我们怎么能不为之动容呢。

另一件为人类所知却难以解释的事是，非洲象会举行葬礼。它明白什么是死亡，而且会对同胞的遗骸表示敬意。当其中一头象死去时，其他象会躁动不安，会在接下来的几天守在死去的象旁边，抚摸它的身体……在一些人看来，非洲象对死亡的感知是印随现象[1]的一种体现，对逝去亲族的尸体表现出依恋之情。不过，虽然大象会围在死去的同类身边，但是所谓的“象冢”并不存在。我们在某些地方会看到大量聚集的大象尸体，那可能是曾经的水源地或偷猎者的集中堆放点。

1. 印随现象又称铭印。刚生下来的哺乳动物学着认识并跟随它所见到的第一个移动的物体，通常是它的母亲。印随是动物出生后早期的学习方式。

没有哪种动物能和非洲象一样能唤起我内心深处的谦卑与敬意。与此同时，它的现状也令我深感痛心：据估计，每 15 分钟就有一头非洲象因非法象牙贸易而死。

跨越历史长河，小象长成了大象。它承载着 6000 万年的历史。它战胜了漫长旱季和冰河时代，懂得聆听云朵的低语。然而，人类只用短短 50 年便将它推向毁灭的边缘。这就是充满矛盾的大象之歌，一首壮阔而悲怆的绝美哀曲。

有鳞无牙的哺乳动物

穿山甲

学名：*Manis* sp.

体长 30—80 厘米

穿山甲身长约 1 米，身形粗壮，没有牙齿，背部和尾巴上覆盖着鳞片。它通常在夜间活动，生活在地下或树洞里，用长舌头喝水、舔食白蚁和蚂蚁。谁都想不到，穿山甲与其他哺乳动物一样是胎生脊椎动物，有乳房，在口鼻处、腹部、四肢内侧和鳞片之间都生有毛发。它是一种恒温动物，体内温度能一直维持在 37℃至 40℃之间。

作为一个曾经近距离观察它的人，我可以毫不犹豫地说，穿山甲真是让人大开眼界。需要自卫时，它将脑袋缩到四肢之间，身体蜷成球状，让自己免受豹子或老虎等大型食肉动物的攻击。要想强行掰开它的身体需要相当大的力气，人类可做不到。穿山甲的爪子和尾巴（占身体全长的 65%）的抓握力令人震惊。曾经有一次，一只雌性穿山甲抱住我的手臂不愿松开，我切身体会到了它的力量。如果一只穿山甲舒舒服服地趴在你身上，你可以试试去告诉它“我要回家了”，看它作何反应吧。让它下来绝非易事，唯一的解决办法就是耐心等候。除了有强大的抓握力，穿山甲还能借助尾巴的支撑用两条后腿行走，它偶尔还是个出色的游泳好手。

我的舅舅穿山甲，

挖起地洞顶呱呱。

——非洲谚语

穿山甲还有一个独特之处：它是名副其实的“昆虫粉碎机”。它有一条长达40厘米的舌头，上面黏糊糊的唾液可以一下子粘住昆虫。一只成年穿山甲每天要吃掉数千只蚂蚁，一年可以消灭7000万只昆虫。厚实的眼睑、鼻腔，耳道内阀门般的密闭结构和浑身的鳞片使它无惧蚊虫叮咬。虽然穿山甲的口腔无法用来咀嚼，但它胃里的角质牙能将昆虫咬碎。而且，它还会吞下一些小石子，将胃中的食物进一步磨碎，多么惊人的动物啊！

不幸的是，偷猎和非法贸易使穿山甲成了全世界最濒危的哺乳动物，偷猎穿山甲的严重程度甚至超过了大象和犀牛。在喀麦隆、中非共和国、赤道几内亚和加蓬的森林中，每年有50万至270万只穿山甲惨遭猎杀。在非洲，人们认为穿山甲具有神力；在亚洲，穿山甲肉是山珍海味，鳞片据说有壮阳通乳、养生保健的功效。但其实，穿山甲鳞片的主要成分是角蛋白，和人类头发、指甲的成分并无区别。现如今，穿山甲已被列为极危物种[1]。

1. 世界自然保护联盟根据物种的生存现状，将其分为绝灭（EX）、野外灭绝（EW）、极危（CR）、濒危（EN）、易危（VU）、近危（NT）、无危（LC）、数据缺乏（DD）和未评估（NE）9个等级。

对于刚果民主共和国的莱加族人来说，大穿山甲（又名巨地穿山甲）是其文化中的英雄人物，受到禁猎令的保护。传说，是大穿山甲将建造房屋的技艺传授给了莱加人。在莱加文化里，大穿山甲是祭典上一项重要的核心要素，莱加人将穿山甲戏称为“我的舅舅”，体现出母系氏族在莱加社会中举足轻重的地位。

伪装成花朵的昆虫

兰花螳螂

学名：*Hymenopus coronatus*

雌性体长 6 厘米，雄性体长 3 厘米

昆虫世界的诗意往往以极其残酷的方式体现出来。从这一角度来说，我认为兰花螳螂堪称艺术大师。它的四肢与兰花的花瓣极其相似，人们很难分辨出哪是昆虫、哪是花朵。还有什么比与花朵融为一体的昆虫更美丽、更具诗意的呢？

兰花螳螂是生物拟态最惊人也最优美的典范之一，不过，如果真的将它当成花朵，那就很容易低估这种生物。它也是凶猛的捕食者，偏爱的猎物是另一种同样如诗如画的美丽生物——蝴蝶，有时它也会捕食小型鸟类和蝙蝠。兰花螳螂既美丽又危险，虽然看起来像花朵一样柔美多姿，但它蓄势待发的前腿（又称“捕捉足”）却布满利刺。

在自我保护和狩猎方面，兰花螳螂的谋略还不止于此。幼年螳螂能够迅速跳跃，还懂得装死——这种行为被称为“假死本能”。成年后的螳螂拥有强壮的脖子，其三角形的头部能够旋转 180 度以上，像潜望镜一般灵活，因此，它可以在身体完全静止的状态下，利用超凡的视野观察猎物的一举一动。

雌螳螂常常在交配后把雄螳螂吃掉。不过，为了保命，雄螳螂会从雌螳螂的背后小心地靠近……男士们大可放心。

螳螂捕蝉，黄雀在后。

——中国谚语

在水上行走的蜥蜴

双嵴冠蜥

学名：*Basiliscus plumifrons*

体长 70—90 厘米

蜥蜴不可能在水上奔跑？说这话的人显然没见过绰号为“基督耶稣蜥”的双嵴冠蜥。它是有超自然的能力吗？没有，它只是具备出色的运动适应性，凭借两条后腿就可以在水面上移动，像一辆小小的高速赛车，既不会下沉，也不会溺水。

双嵴冠蜥生活在茂密的热带森林里，蛰伏在伸到水面的树枝上。它有可能被蛇或人类捕食，但最主要的捕食者来自天空：掠食性鸟类正在它头顶上虎视眈眈，只盼它钻进树冠，好将它捉住。

但实际上，这种蜥蜴在感觉到危险时会选择完全相反的路线：跳入水中，飞速奔跑，在宝贵的几秒钟内溜之大吉。它能以每小时约 60 千米的速度移动，而且始终保持双足直立的姿态。

令人惊讶的是，刚出生的双嵴冠蜥就已经掌握了这项卓越的本领，因为它出生时很有可能被亲生父母吞食，所以必须快速行动。身为双嵴冠蜥，不管大小胖瘦，都得掌握在水上飞奔的本领。

睡懒觉的人呀，看不到
蜥蜴在刷牙。

——马赛谚语

双嵴冠蜥是如何实现这种“神迹”的呢？首先，它的爪子能迅速踏在水面上，浸入水中的深度只有区区几厘米。人类要想达到同样的效果，奔跑速度必须达到每小时100千米才行。

不过，这并不仅仅取决于运动速度，因为双嵴冠蜥的奔跑速度（1.60米/秒）比体形和外形与之相似的陆地蜥蜴要慢——比如生活在陆地上的斑尾蜥，其奔跑速度可达4米/秒。如果说速度不是唯一的秘诀，那还有哪些因素呢？

其实，它主要靠的是巧妙的生物动力学系统：体重较轻、足与水的接触面较大、后足的横向运动与尾巴动作相配合，这三个要素实现了完美的动态平衡。双嵴冠蜥的尾巴占体长的2/3，对平衡起到重要作用。它在奔跑时，尾巴敲击水面会产生一种载波，看起来像在冲浪一样。

可以肯定的是，自然界中陆生脊椎动物的行动都必须有立足的基础：比如坡度不同、质地各异的地面，粗细不一、朝向各方的树枝，光滑或粗糙的支撑物，等等。唯有双嵴冠蜥能将水面作为立足之地，从刚破壳到成年都能在水面上穿梭自如。

若要让人类完成与这种蜥蜴相同的壮举，奔跑速度必须达到每小时 100 千米才行，而且要有比现在强壮 15 倍的肌肉。双嵴冠蜥的“神迹”让我发现，大自然中还有许多东西等着人们去探索学习，比如动物们谦卑低调的精神和那些尚不为人所知的能力。

会走路的鱼

达氏蝙蝠鱼

学名：*Ogcocephalus darwini*
体长 15—20 厘米

看完在水上奔跑的蜥蜴，现在又来了在水下行走的鱼！我称它为海中恶魔。这种奇形怪状的水生动物究竟来自何处？

该物种生活在加拉帕戈斯群岛附近的水域。从上往下俯瞰，它的胸鳍活像蝙蝠的翅膀，这就是它名字的由来。这种鱼的头部呈圆形或方形，即使在其所属的蝙蝠鱼科（又称棘茄鱼科）中，它也是个异类。它那三角形的扁平身体上分布着凹凸不平的疙瘩和棘刺，它的烈焰红唇、四只爪子、大鼻子和那根能屈能伸的小鼻管让人无法相信它是真实存在的物种。

达氏蝙蝠鱼以其红到发光的嘴唇而闻名，这种色彩让它在繁殖季节格外有辨识度。这种鱼不擅长游泳，而善于在海底用胸鳍和臀鳍支撑身体行走。这些肌肉发达的鱼鳍看起来就像强有力的长腿，鱼鳍末端还长有类似肉垫一样的东西。所以说，走路不一定非得站在坚实的地面上，也不一定需要脚。

达氏蝙蝠鱼不仅拥有令人诧异的行走能力，捕猎方式也让人惊叹。它的头顶长有一根背鳍，成年后会变成竖起的棘刺，看起来就像一根突出的长鼻子，也称吻突。它用吻突来吸引小鱼、甲壳类或软体动物。

大海不买鱼。

——土耳其谚语

它的本领还不止于此。在吻突底部和嘴之间，往往还有一个空腔，那里藏着一个惊人的器官：可伸缩的诱饵，也可以称为“钓竿”。这个诱饵能分泌出吸引猎物的液体，还能探测到猎物的踪迹。如此看来，这个器官真是个可怕的陷阱。

除此之外，达氏蝙蝠鱼还会用其他方法捕猎。它有时会潜藏在沙砾中，用沙子盖住一部分身体；有时会在岩石下面埋伏起来，亮出诱饵静候猎物上钩。这本领真让人啧啧称奇，和它那鲜艳的嘴唇一样令人瞩目。

与其他鱼类相比，人类对达氏蝙蝠鱼的关注还远远不够。也许正因为远离了人类的视线，这些小动物才得到一线生机，眼下还不至于沦为濒危动物。

海中独角兽

一角鲸

学名：*Monodon monoceros*
体长 4—5 米

一角鲸是北极冰海的主宰，也是人类了解最少的水生动物之一。这种不同寻常的海洋哺乳动物是诸多神话的灵感来源。它是世界上唯一拥有巨大螺旋纹路长牙的动物，至于长牙有何用途，至今仍是科学界有待解决的问题。今天，一角鲸经常被拿来与中世纪的传奇生物——象征着力量、纯洁和魔法的独角兽相比。

在 16 世纪，英国女王伊丽莎白一世曾以 1 万英镑的价格买下一根一角鲸的长牙，这笔钱在当时足以购置一座城堡。在那个时代，人们还普遍认为这些长牙具有避毒的奇效。这些传说一直到 18 世纪还流传在民间，或许是因为一角鲸数量稀少且栖息在人迹罕至之地。

这样一根长牙对一角鲸究竟有什么用呢？500 年来，围绕这根长牙的谜团一直没有解开。人们曾先后认为这根长牙有如下用途：狩猎的鱼叉、扩音器官、温度调节器官、控制游动方向的舵、与捕食者对抗的武器和凿冰工具。还有人认为它是雄性吸引雌性并确立自己社会等级的第二性征，或是因纽特人眼中神力的象征。

今天我们可以确定的是，这根长牙是从上唇伸出口腔外、呈螺旋状生长的犬齿，雄性最长可达 3 米，雌性最长也有 33 厘米，而一角鲸本身的体长有 4 米至 5 米。最近一项研究表明，一角鲸的长牙内有数千万个神经末梢将牙髓、大脑和海洋连接在一起。因此，长牙也相当于一台流体动力学传感器，能够检测海水的盐度、温度和压力，为一角鲸判断冰层范围、鱼群来源和迁徙时间提供依据。

我是独角兽，我不
信任人类。

——佚名

不过最近，两架无人机在加拿大最北部的特兰布莱南湾拍摄到的图像却印证了一个古老的假设：长牙可以用来捕猎。画面中，一角鲸用长牙刺穿了鳕鱼吞进肚子。由此看来，这种动物的长牙可以兼具多种用途：破冰、争夺雌性时的打斗武器、感应雷达。但还有一个谜团：只有约 15％的雌性一角鲸有长牙，这又是为什么呢？与雄性相比，关于它们的研究少得可怜，这些海中的雌性独角兽可能还有好些秘密等待我们去揭开。

一角鲸的长牙让我们几乎忘记了它还是个潜水能手。一角鲸主要以鱿鱼、章鱼、甲壳纲动物、软体动物和鱼类为食。为了寻找食物，它可以潜到 1500 米深的水下，一待就是半小时，而且每天最多可以下潜 26 次。

它在水下能发出不同的声音，有时是为了与同伴交流，有时是为了导航。一角鲸利用回声来确定猎物的具体位置，就像蝙蝠一样。每头一角鲸的声音都不一样，因而它能在群体中轻松识别彼此。

一角鲸具有迁徙性，夏季的领地范围约为 1 万平方千米，冬季的领地范围约为 2.6 万平方千米。年复一年，海面结冰又融化，一角鲸也随着季节更替而迁徙。但如今，由于全球变暖，冰川融化，一角鲸的迁徙规律受到了极大影响，这也是它沦为濒危动物的一大因素。

一角鲸被北极熊、虎鲸和人类捕杀，同时又首当其冲地受到全球变暖的威胁。气候变暖改变了海水的温度和盐度，覆盖大片海面的冰层可能会把一角鲸困在水下，使之无法浮出水面换气。捕鱼、船舶事故和开矿等人类活动则会影响一角鲸的出生率。当得知雌性一角鲸每 3 年才分娩一次时，我不由得为它的未来忧心。

花束般的珊瑚

六放珊瑚

学名：*Zoanthus sansibaricus*

基座 1—1.5 米

六放珊瑚是一种非同寻常的动物，外形好像一束色彩艳丽的水生花朵。它属于刺胞动物门。这种群居动物呈圆盘状，边缘有一圈触手。它拥有绚丽的外表，绿色、蓝色、橙色，应有尽有。以绿色或蓝色为主的同心圆外侧还有可能呈现其他色彩，比如蓝灰、浅灰、墨绿等。

六放珊瑚生活在由卵石、沙砾和淤泥组成的海床上。在 2.5 亿年的时间里，它逐渐形成了这颗星球上最重要、最复杂的生态系统之一。它是大海的肺，是海底的热带雨林，它吸收了地球上几乎一半的二氧化碳排放量。

与珊瑚密切关联的动植物超过 100 万种，4000 多种鱼类、数千种植物和其他动物都将珊瑚礁作为栖身之地。珊瑚庇佑这些生命和海岸免受风暴、巨浪、洪水和地质侵蚀的影响，也通过这种方式维持自己的生存。

当接触到外来物体时，六放珊瑚就会把边缘卷起，闭合基部。它有独特的消化腔、神经系统、肌肉细胞和用来自卫的刺细胞。为了抵御寄生虫和其他疾病，它自有妙招。暴露在空气中时，它会喷射出一股危险的毒雾，这股毒雾一旦接触到人的皮肤便会释放海葵毒素——一种引起血管剧烈收缩的强效有毒物质，会让人失去味觉或触觉、血压升高、呼吸窘迫、肌肉疼痛、昏迷，甚至有可能死亡。六放珊瑚的毒素在化学领域具有极高的研究价值，但渔民对这种动物却敬而远之，唯恐避之不及。

海洋深处是珊瑚，困境尽头是经验。

——费利克斯·博盖尔茨

（Félix Bogaerts）

大自然总是出人意料，六放珊瑚虽然会产生毒素，但它同时也蕴含着关乎人类健康的潜在宝藏——生物碱（制造某些药物的主要活性成分）。另外，它还能合成氯仿甲醇，用来杀死那些攻击人体淋巴系统的寄生虫，或者让雌性寄生虫失去繁殖能力。从六放珊瑚中提取的其他化学物质（例如六放珊瑚碱）可以防止骨密度降低，人们或许可以拿来治疗骨质疏松。这种动物既有药用价值，又像花朵般美丽，难道不值得保护吗?

海中花园，海洋之肺。六放珊瑚对生态环境和生命进化都起到重要的作用。然而，它眼下的处境却十分严峻。不仅是六放珊瑚，地球上几乎所有的珊瑚礁都面临严重危险。探寻海底世界，我们会发现珊瑚是如此强大，同时又如此脆弱。

不会飞的鹦鹉

鸮鹦鹉

学名：*Habroptila*

体长 60 厘米

请让我为你介绍另一个充满神秘色彩的进化奇迹：不会飞的鹦鹉。毛利人称之为“夜鹦鹉”。它是全世界最重的鹦鹉（重达 4 千克）。鸮鹦鹉虽然有翅膀，但由于羽毛太短无法飞行。不过，从进化角度来说，鸟类并不是自古以来一直都会飞的。羽毛的出现很可能与飞行无关，而是为了提高身体的隔热能力或促进个体之间的交流。因此，鸮鹦鹉并非反常现象，它倒更像是不会飞的古代鸟类残存至今的“活化石”。

鸮鹦鹉虽然不会飞，但善于行走，还能借助锋利的爪子灵巧地攀爬树木。尽管寿命长达 90 年，而且在诱惑异性方面经验丰富，但它还是面临着生存困境。

不会飞的鸮鹦鹉很擅长制造“动静”。“动静”是什么意思？想象一下，雄鸟在地上刨出一个洞，卧在里面，鼓起胸前的气囊，一边拍打翅膀，一边发出其他动物无法模仿的叫声，这就是为了吸引雌鸟而制造的“动静”，效果很好哦！它挖的洞像喇叭一样，可以让声音变得更大。为此，雄鸟要清除所有可能妨碍它的小树枝，将它们都堆在岩壁边或树干旁。

请做好心理准备，雄鸟将在夜间 8 小时里竭尽全力向各个方向发出数千次呼唤，如此持续 3 至 4 个月，这将大大消耗它的体力，减掉它一半的体重。而雌鸟可以在 1—5 千米外（取决于风向）听到这种“动静”。当它被声音吸引时，就会奔赴数千米去寻找雄鸟。雄鸟一见到雌鸟，便摇摆身体，用喙敲打出咔嗒咔嗒的声音，张开双翅，尽情展示自己。不过，由于它身上独特的霉味和过大的“动静”，捕食者也被吸引来了。

鸟儿就像爱情一样，是永远存在的。所有的物种都消失了，可鸟儿还在。就像爱情一样。（《情人》，上海译文出版社，金志平译本）

——玛格丽特·杜拉斯

（Marguerite Duras）

可怜的鸮鹦鹉正面临灭绝的威胁，它被人类捕捉，也被人类引入的捕食者（猫、鼠、狗等）猎食。栖息地破坏、城市化和人类的收藏癖等因素也让鸮鹦鹉深受其害，它曾一度彻底消失。不过，人类偶尔也能凭一己之力扭转局面。

2012年，人们将50只幸存的鸮鹦鹉集中在3座没有捕食者的岛上，为它们提供食物。但这项任务比想象中要艰巨。

由于雏鸟的性别取决于雌鸟的饮食结构，所以吃什么会对鸮鹦鹉的繁殖产生重要的影响。如果雌鸟摄入热量过高，后代为雄性的概率就会增大。如果雌鸟没有从食物中摄取足够的钙质，鸟蛋的蛋壳就会不够坚硬。在那3座岛上，人们为鸮鹦鹉提供的食物含有太过丰富的营养，于是导致它孵化出的雄性雏鸟数量偏多，使其种群性别失衡，生存前景愈发堪忧。另外，因为每座岛只能容纳100只鸮鹦鹉，它未来的生存空间也是急需解决的大问题。

因此，无论是鸮鹦鹉，还是努力为它的生存寻找解决办法的人类，都将面临长远的挑战。

很久以前，一只不会飞的雄鸟在地上筑巢，用尽全力呼唤雌鸟。它有什么就吃什么，紧紧地抓住树干，就像紧紧地抓住生存的机会……

第二章

填饱肚子，不惜一切代价

身手非凡的小鸟

朱红蜂鸟

学名：*Calypte anna*

体长 10—12 厘米

朱红蜂鸟又名安娜蜂鸟，以致敬里沃利公爵夫人——伟大的鸟类收藏家安娜·马塞纳（Anna Masséna）。朱红蜂鸟是世界上最小的鸟类，是蜂鸟家族的一员。这种微型小鸟用富有弹性的长舌头舔食花蜜，捕食飞行中的昆虫，还能将昆虫从蜘蛛网上扯下来。

但这种蜂鸟最大的本领不是觅食，而是吸引异性，雄鸟对求偶永远充满热情。为了取悦美丽的雌鸟，雄性朱红蜂鸟表现出惊人的炫耀行为。它先拍打翅膀，随后将翅膀折叠起来高速俯冲，像跳水运动员一样表演求偶杂技，最高时速可达 98 千米。然后，它来回翻飞，时而拍打翅膀，时而振动尾羽，发出比叫声响亮许多倍的声音。

按照速度与体形的比例，它是全世界速度最快的脊椎动物，其相对速度可达战斗机的 2 倍！当它张开翅膀直线上升时，速度能达到它重力加速度的 9 倍之多！在这样的高速运动中，要立刻判断物体距离，避开障碍，需要非凡的反应能力。

另外，这些具备出色的空气动力学性能的小鸟还能完成许多令航空工程师艳羡的壮举：悬停，倒退飞行，高速俯冲，在飞行中迅速调整速度和方向、灵活地旋转身躯……它使出浑身解数，只为靠近某些难以接近的花朵，取食花蜜。对于世界上最小的鸟类来说，这种全方位的飞行技巧是多么难能可贵啊。不过，为了保证在飞行中万无一失，它需要消耗极高的热量来维持身体的灵活性。

一只海洋动物，生活在陆地上，
梦想着飞翔，它的日记便是诗行。

——卡尔·桑德堡
（Carl Sandburg）

除此之外，朱红蜂鸟为适应高难度飞行而进化出的生理特性也很神奇，它小小的心脏每分钟能跳 1200 下。这是因为它要消耗大量的氧气，为肌肉提供充足的能量。要知道，它的耗氧量在所有脊椎动物中位列第一。

让人羡慕的是，朱红蜂鸟还拥有自然界最五彩斑斓的外衣。它的羽毛像彩虹一样，呈现出变幻莫测的色彩。雄性蜂鸟在运动头部时，喉咙位置的羽毛会从红色变为翠绿色，再变为紫红色，让人目不暇接。产生这种迷人的奇观是由于光线穿过了两层羽毛。随着羽毛厚度和两层羽毛间空气含量的变化，光线的折射率会有所改变。

这不禁让人联想到肥皂泡表面不断变化的彩虹般色泽。朱红蜂鸟的羽毛不仅华美，还对交流和伪装行为起到了重要作用。羽毛色泽的鲜艳程度能反映蜂鸟的健康状况，雌鸟会留心观察雄鸟的羽毛是否鲜艳，以此为依据寻找最适合交配的伴侣。对于朱红蜂鸟种群来说，艳丽的色彩无疑代表着真正意义上的进化成功。

朱红蜂鸟既小巧，又伟大，使我心中充满怜爱和钦佩之情。

色彩鲜艳的捕食者

豹变色龙

学名：*Furcifer pardalis*

雌性体长 20—35 厘米；雄性体长 40—55 厘米

豹变色龙是全世界最大的变色龙之一。它生活在马达加斯加的热带雨林和留尼汪岛上，被当地人称为“睡虫”。为了适应环境，它进化成了可怕的捕食者：四肢呈钳状，长舌头强壮有力，两只眼睛可独立移动，皮肤还能变色。

我曾经饲养过一只小高冠变色龙（*Chamaeleo calyptratus*），看它挂在我手指上的样子，我可以向你保证：这种令人叹为观止的动物绝不会让你感到无趣。

作为出色的树栖捕食者，豹变色龙一般在白天伺机捕猎。人们以为它捕猎的效率很低，但事实并非如此。豹变色龙有很强的攀爬能力，钳状的爪子专为它量身打造。它每条腿上都有五根脚趾，其中两趾朝向一侧，另外三趾朝向另一侧，即使在很细的树枝上也能稳稳地向前走。

另外，豹变色龙能轻而易举地“眼观六路”，当它搜寻猎物时，两只眼球可以分别转动，因此能同时看到两个相反方向的物体。这样一来，无论猎物在哪儿，都逃不过它的眼睛。对于行动迟缓的它来说，这的确是一项重要优势。

值得强调的是，当猎物移动时，豹变色龙的两只眼睛会分别从不同方向盯着猎物，一旦决定出击，两只眼睛就立刻统一方向，聚焦在同一位置上。

豹变色龙的一次食量相当于人类的 10 千克汉堡包。

——西川绮纱（Kiisa Nishikawa）

接下来要介绍的是它的另一个不可思议的机关：弹簧一般的长舌头。豹变色龙的舌头伸缩自如，其长度可达体长的 2 倍。高速弹射出来时，能牢牢抓住相当于自身体重 1/3 的猎物。从捉到猎物到把猎物拖进嘴里，整个过程只需 0.5 秒。别看它平时行动起来慢吞吞的，捕猎的速度却无比惊人，它的舌头能在 1/100 秒内瞬间达到时速 100 千米！它是怎么做到的呢？

原来，在向猎物进攻之前，豹变色龙的舌头能像弹射器一样收在口腔内储存能量，然后在弹出的一瞬间完全释放。精彩之处不止于此，它的舌头还能分泌浓稠的黏液将猎物牢牢粘住，其黏性是人类唾液的 400 倍。因此，豹变色龙能够远距离捕捉昆虫、小鸟，甚至啮齿类动物，这也是它又一项了不起的优势。

除了四肢、眼睛和舌头，豹变色龙的皮肤也是一大奇观。尤其是雄性豹变色龙，它的皮肤在不同的环境下会变成不同的颜色：绿色、蓝绿色、白色、红色、淡粉色……其多样性和鲜艳程度简直让人不可思议。当它感到紧张或是在繁殖季节时，它的皮肤也会变色，从蓝色、绿色、红色变成黄色、橙色、白色。

这种独特的变色能力来自它表皮彩虹色素细胞内所含的双层纳米晶体结构。两层厚厚的彩虹色素细胞不仅可以维持体温，也能变幻出各种颜色，一是为了伪装自己，二是为了吓唬竞争者或引诱雌性。

从体长 55 厘米的大型变色龙到全世界最小、体长仅为 2 厘米的侏儒枯叶变色龙（*Brookesia micra*），变色龙家族为了生存进化出了各种惊人的本领。它是物种进化的奇观，令人赞叹不已。我们要不惜一切代价保护它。

恶魔般的天使

海天使

学名：*Clione limacina*

体长 2—4 厘米

这就是海天使，又名裸海蝶或海若螺。请注意，不要将其与另一种生物——天使鲨（*Squatina squatina*，又名扁鲨）相混淆。海若螺这个词来源于古希腊神话中司掌史诗和历史、歌颂城邦与人类往昔的缪斯女神克利俄，克利俄一词在古希腊语中的意思是“庆祝”。

在超过 500 米的深海中，海天使竖直身体，保持着头部向上的姿态。它的头部有两对短触手，触手后面是两只眼睛。它既没有壳也没有腮，只能通过半透明的皮肤进行呼吸。与蜗牛、牡蛎等软体动物一样，它也是雌雄同体，不同的是，它必须通过交配繁衍后代。两只海天使相遇时，会分别承担雄性和雌性角色。

海天使是鲸类的重要食物，它在水中轻灵而优雅地游动，就像天使一样。但是，别被它的外表所蒙骗。它在无害的外表下，隐藏着一颗恶魔之心。海天使以浮游生物为食，腹足纲动物蟠虎螺（*Limacina helicina*）是它的最爱。

海天使的游泳速度极快，一旦发现猎物，它便会在 10 毫秒到 20 毫秒内迅速张开口器，伸出 6 只翼足（这些触手平时缩在脑袋里，如彩图所示），牢牢攫住猎物，同时分泌出一种黏液，牢牢地抓住猎物。接着，它慢慢旋转猎物的外壳，使壳口面向自己的口器。固定好猎物之后，再伸出带有钩状齿片的囊状齿舌，每条齿舌上有 30 个左右的齿片。

这只小小的腹足纲海洋生物仿佛在翩跹飞舞，宛如天使一般，在北冰洋寒冷刺骨、黑暗神秘的深海里遨游。

这些齿片灵活而坚固，可以穿透猎物的外壳，直接钩住其柔软的身体。就这样，只需半小时，海天使就能吃光猎物，将壳刮得干干净净。从这点来看，它究竟是天使还是恶魔呢？

海天使还有一个与众不同之处让它显得神秘而富有诗意：它的身体呈半透明状，透出若隐若现的内脏。这种奇特的造型让它看起来仿佛来自另一个时空。

海天使可以借助两翼有节奏地在水中游动，但它在运动过程中需要时不时地休息。休息时，心脏会随之停止跳动。自卫或狩猎时，心脏则会加速跳动。由此可见，这种小型软体动物的心脏机能已完美地适应了它的日常生活。

海岸上散布着多种软体动物：小贻贝、帽贝、牛心光贝等，最多的是海若螺，身体细长，呈膜状……还有无数曾在北极发现的海若螺品种，体长3厘米，鲸一口可以吞下成千上万只。这些可爱的翼足目软体动物——名副其实的“海中蝴蝶”让流动的海水充满勃勃生机。

——法国国家自然历史博物馆教授皮埃尔·阿龙纳斯（Pierre Aronnax），儒勒·凡尔纳小说《海底两万里》中的人物

海中拳击手

七彩螳螂虾

学名：*Odontodactylus scyllarus*

体长 40—46 厘米

七彩螳螂虾是一种甲壳纲动物，栖息在布满珊瑚礁、岩石和沙质的海底，即使在水下 70 米深处都能看到它的身影。七彩螳螂虾有自己的洞穴，但它也喜欢在其他动物的巢穴中暂住。白天，它藏身洞中，伺机捕捉各种软体动物和鱼类；夜间则在洞中栖息。

在我眼里，经常夹我的螯虾已经很有攻击性了，但七彩螳螂虾比螯虾更可怕。有人认为七彩螳螂虾是海洋中攻击性最强的动物，任何风吹草动都会刺激它发动攻击，连潜水员都要提高警惕。由于颜色鲜艳，加上掠肢像螳螂一样有杀伤力，它也被人们称为雀尾螳螂虾。

七彩螳螂虾的掠肢是名副其实的超高性能武器，比螳螂的捕食肢还要可怕。它的掠肢轻巧却无比坚固，引起了许多研究者的兴趣，希望能从中找到研发新型防护材料的灵感。七彩螳螂虾的掠肢有许多用途，既能击毙猎物，又能打洞挖地道，还能与敌人搏斗。七彩螳螂虾还是名副其实的拳击手，它出拳迅速、精准且异常猛烈，掠肢能以每小时 100 千米的速度弹出，力气高达 1501 牛顿[1]。即使不能一击即中猎物，它也可以靠快速的连续出拳将其杀死。

谁要说自己见怪不怪，那一定是
没正面看过七彩螳螂虾的脸。
——维利耶·德·利尔-阿达姆

1. 牛顿，简称牛，是一种衡量力的大小的国际单位。根据牛顿第二定律 $F=ma$，可知 $1N=1kg \cdot m/s^2$，即能使 1 千克质量的物体获得 $1m/s^2$ 的加速度所需的力的大小定义为 1 牛顿。

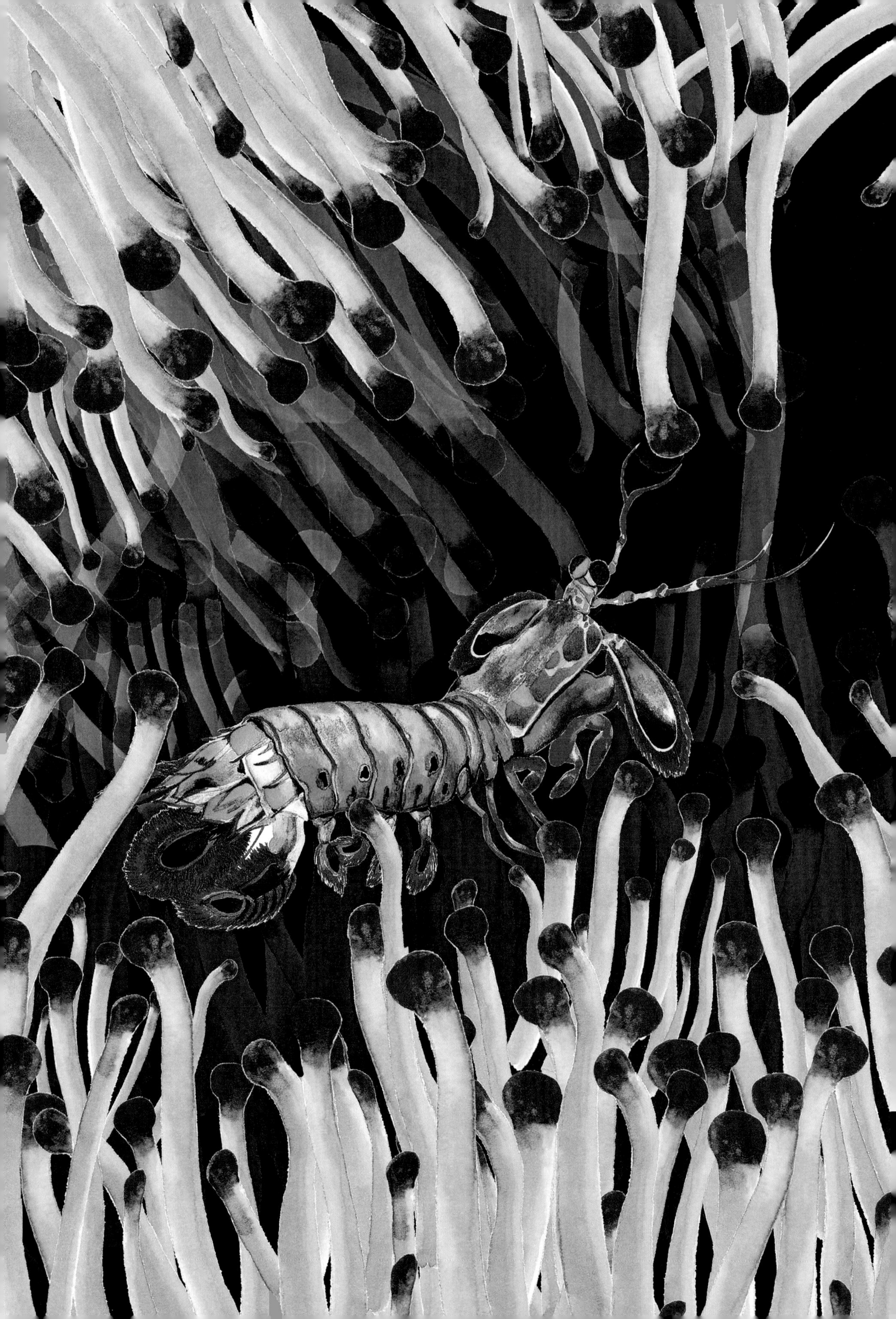

七彩螳螂虾的出拳速度相当于步枪发射子弹，产生的冲击力要比它本身的体重大数千倍，真可算得上是自然界速度最快的动作了。按体重和体形的比例计算，倘若我们拥有与七彩螳螂虾相当的力气，我们就能把皮球投到外太空，送上卫星轨道了。

七彩螳螂虾可不仅仅是靠掠肢来捕猎和自卫。作为攻击性极强的捕食者，它的行动很大程度上依赖于视觉。它可是动物界视觉最发达的动物之一，它的视觉系统由数千个小平面结构组成，敏锐度极高，堪称纳米光学领域的奇迹。它的两只眼睛都具备 360 度全景立体视角，可分别从 3 个不同区域观察物体。由于它每只眼睛都能精确感知物体，所以能准确判断出拳时机。

另外，七彩螳螂虾的视网膜还具备动物世界中数量最多的色彩感应器，每只眼睛都有 12 个。而其他大多数动物只有 2 到 4 个，人类也只有 3 个（分别感知红色、蓝色和绿色）。这种独一无二的特性对七彩螳螂虾来说至关重要，可以使它在面对珊瑚礁中五彩缤纷的动物时，迅速分辨出颜色。这种能力恰恰是它各类行动——战斗、逃跑、交流、繁殖和躲藏——的关键。

除此之外，七彩螳螂虾还可以靠这对眼睛感知光线的偏振（电场波动的方向）、复杂的多光谱信息和紫外线辐射，这是它维持生存所必需的能力，在探寻藏身于珊瑚礁中的猎物时能派上大用场。另外，由于眼睛有能分别转动的特性，它可以迅速观测到周围的环境，识别不同类型的珊瑚，发现透明的猎物，及时躲避天敌袭击（比如鳞片闪闪发亮的梭子鱼）。

借助这对不可思议的眼睛，七彩螳螂虾还可以观察到月相——月相与潮汐息息相关，雌性螳螂虾在涨潮时繁殖力最强。毋庸置疑，七彩螳螂虾的眼睛属于动物进化过程中的重大突破。

七彩螳螂虾复杂的眼睛可以感知偏振光，而偏振光可以照出癌变组织。因此，研究人员希望能制造出模仿螳螂虾眼睛的相机来检测癌细胞。这种甲壳纲动物还能为人类的预防医学服务呢……

未雨绸缪的鸟

台湾蓝鹊

学名：*Urocissa caerulea*

体长 63—68 厘米

2008 年被选为台湾省鸟的台湾蓝鹊（又名长尾山娘）栖息在森林地带。与鸦科大家族的其他成员一样，它的叫声粗哑而响亮。这种鸟会冒险去城市里觅食，它具有社会性，往往成群活动，每一小群至少有 6 只。它虽然不害怕人，但对人保持高度警惕，尽量避免与人接触。

台湾蓝鹊的饮食非常多样化，不仅吃无花果、木瓜、浆果、各类种子和植物，还会吃昆虫、小型无脊椎动物、啮齿动物和蛇。它是杂食动物，什么都吃，一般会在树林间寻找食物。

这种鸟儿不仅具备卓越的飞行能力，还会储藏食物。它会把多余的食物仔细盖好，或者藏在树上，以应对日后可能出现的食物短缺。

显然，将存储的食物再找出来不仅需要高超的定位能力，也需要出色的记忆力。台湾蓝鹊的大脑虽然体积小，但结构非常复杂。有研究表明，它与出租车司机的大脑有某种共同点。与不储存食物的鸟类相比，有储藏食物习性的鸟类拥有更大的海马体（海马体是负责记忆和空间导航的脑区）。

这只鸟的身躯由周围的空气凝聚而成，它的生命则由其行动汇聚而成。

——加斯东·巴什拉（Gaston Bachelard）

一项对伦敦的新手出租车司机开展的研究显示，出租车司机的海马体会因频繁使用记忆功能而有所改变。在上岗考核前多次反复记忆路线地图，他们的大脑会生成更多神经元，海马体因此增大。而台湾蓝鹊在寻找之前储藏的食物时，其海马体内新神经元的数量也达到了峰值。这说明出租车司机与它在记忆功能上存在相似之处。

不过，某些有藏食习性的鸟类的海马体并不算大，它们使用的很可能是其他神经基质。这充分体现了生物大脑令人着迷的可塑性。

在繁殖后代的事情上，台湾蓝鹊采用一夫一妻制，“合作”是夫妻之间的关键词。雌鸟独自孵化产下 3 到 8 枚卵，雌雄鸟一同筑巢并抚养幼鸟。注意，守护巢穴的雌鸟攻击性很强，当它认为雏鸟正面临危险时，会不顾一切地攻击入侵者（包括人类），直到对方走远。

再者，台湾蓝鹊和其他许多鸦科成员（渡鸦、小嘴乌鸦、秃鼻乌鸦等）一样，以高超的认知能力而闻名。它懂得不同事物的特性，知道如何使用工具，比如它会用弯曲的小树枝钓树洞里的蠕虫，或将小石子扔入水中让水位上涨，以便吃到漂浮在水面的食物。

说到记忆力，有些鸦科鸟类也和台湾蓝鹊一样，令人感到惊异，比如北美星鸦（*Nucifraga columbiana*）。每逢北美洲的秋季，它会在近万处藏食点储存 4 万到 5 万颗种子，接着飞去更适宜生存的低海拔地区过冬，等春季回来再寻找 6 个多月前储藏的食物时，它往往能成功找到近 3000 个藏食点。即使在冬天遭遇大雪封山，或者所作的标记被啮齿类动物破坏，它仍然能找回近 1/3 的藏食点。而我呢，每天早上在自己的公寓连钥匙都找不着。

第三章

求偶，只为延续生命

吸引异性的音乐家

棕榈凤头鹦鹉

学名：*Probosciger aterrimus*

体长 60—70 厘米

用音乐引诱异性是人类才懂得的伎俩吗？并不是。下面有请华贵无双的棕榈凤头鹦鹉。

从喙到爪子，它全身基本呈黑色，脸颊两边的红色是两块没有羽毛的皮肤，当它感到焦虑或患病时这两块皮肤会变成其他颜色。与鸮鹦鹉不同，这种重达 1 千克的鸟儿可以飞翔。它的喙非常有力，可以轻松敲开坚果的外壳，享用果仁。它灵巧的舌头与我曾经研究过的金刚鹦鹉不相上下。棕榈凤头鹦鹉一点也不挑食，对种子、植物、浆果、昆虫都来者不拒。

在自然界，许多鲸鱼和鸟类都能发出美妙动听的歌声，而雄性棕榈凤头鹦鹉并不满足于唱歌，它还会演奏乐器呢。

生活在澳大利亚某地区的雄性棕榈凤头鹦鹉是出色的鼓手，为了诱惑雌鸟，它用长约 20 厘米的树枝造出一根“鼓槌”，用之敲击树干时，声音在百米开外都能听到。

为什么说雄性棕榈凤头鹦鹉是在奏乐而不是单纯地制造噪声呢？因为它敲击的声音呈现出完美的节奏感，与人类的击鼓声别无二致。更有意思的是，每只雄鸟都有自己独特的奏乐风格和律动，有些很轻快，有些很舒缓，有些则比较随心所欲。正是这些个性化的特征得以让雌鸟分辨出是谁在发出呼唤。雄鸟的“打击乐”是名副其实的求偶仪式。

诗人就像鸟一样，任何动静都能让他们歌唱。

——弗朗索瓦-勒内·德·夏多布里昂

（François-René de Chateaubriand）

如果音乐攻势奏效，雌鸟和雄鸟便会交配。之后，雌鸟将在高处的树洞中产下一枚卵。雄鸟不仅是优秀的音乐家，还是个好爸爸。在30天里，它与雌鸟轮番孵蛋。雏鸟破壳后将在巢中生活100天左右。

棕榈凤头鹦鹉可以活到100岁甚至更久，但前提是没有意外发生……眼下，这种鸟正面临繁殖率低下和栖息地被采矿活动破坏的威胁。

鹦鹉令人类心醉神迷已有好几个世纪之久。自从被探险者、私掠船主和海盗带到欧洲以来，它纷繁的色彩、超群的智力，以及某些鹦鹉的学舌能力都令人啧啧称奇。

建筑师和室内设计师

缎蓝园丁鸟

学名：*Ptilonorhynchus violaceus*
体长 30—35 厘米

在吸引异性方面，鸟类自有绝招：美丽的羽毛。在求偶游戏中，雄性天堂鸟凭借异常华美的羽毛让雌鸟为之倾倒。不过，即便没有五颜六色的外衣，鸟儿们也能各显神通。雄性缎蓝园丁鸟就有自己的战术。

它没有闲心在雌性面前展示闪耀的羽毛，而是投身于花样繁多、率性而为的建筑工程中。之所以说花样繁多，是因为那些建筑的构造和内部装饰多种多样；之所以说率性而为，是因为它不仅会充分利用鲜花盛开的桉树林和红树林，连城市公园或花园里随处可见的塑料瓶盖都不放过。

冬季，缎蓝园丁鸟以 50 多只为一群集体过冬，而在春季和夏季基本上以单独活动为主。雄鸟的领地意识很强，它会定期巡视，保护自己的地盘，还会建造屋子——不是随随便便的巢穴，而是成家立业的婚房。

雄鸟希望在向心上人求爱之前尽量提高胜算。为此，它倾尽体力和脑力，在持续数周的时间里每天打磨自己的建筑作品。起初，它在精心挑选的空地上用小树枝铺设出“地基”。接着，他将小树枝编成两排，搭起一条 90 厘米长的狭窄隧道。在入口处，它还将树枝顶部弯成拱门状，高度 30 厘米至 35 厘米。

完成基础架构之后，小小的雄鸟便开始装饰大门，布置出一块朴实无华的婚礼场地。它在门口铺上鹅卵石、羽毛、浆果、鲜花、树叶、骨头、贝壳、昆虫等一切能叼来的物件，还包括人类的珠宝。通常情况下，雌鸟得站在一定的角度才能发现这些装饰。毫无疑问，雄鸟想给对方一个惊喜。

在基础工程和地面装饰告一段落之后，雄鸟便投身于墙壁粉刷工作。它会像画家一样，用树皮蘸上浆果汁、炭灰和唾液的混合物从上到下涂抹墙壁。它在细节上精益求精，有时甚至会特地挑选蓝色的浆果——这种与雄鸟羽毛近似的颜色似乎更能吸引雌鸟。还有些雄鸟甚至每天都要重新粉刷墙壁。

看到雄鸟花费这么多心思装饰屋宅，你一定觉得雌鸟会动心吧？别心急……雄鸟的工作还没有结束。他还要向雌鸟“搭讪”，展现自己的种种长处。为此，它将表演一场精彩纷呈的节目：围着雌鸟蹦蹦跳跳，张开翅膀，摇动尾巴，伸长脖颈，发出有节奏的呼唤。等到终于有一只雌鸟注意到它时，它才为其献上礼物，邀请对方走进它精心修筑的爱巢。尽管雄鸟如此殷勤努力，雌鸟仍要花上数周时间才会下定决心，它可不是轻浮的女士……

一旦被雄鸟打动，雌鸟就会与之在巢穴中交配，接着便离开多彩的婚房，在一到两周里建起孵卵用的巢穴。雌鸟将独自孵卵，保护雏鸟免遭捕食者的袭击。雄鸟会继续精心打理自己的爱巢，在接下来的几周甚至几年里吸引更多雌鸟。

修造教堂的是神父；
树立高塔的是君主；
谁带来寒冬？是凛冽北风。
谁筑起巢穴？是缱绻爱恋。

——维克多·雨果
（Victor Hugo）

一只雄鸟可能在数年时间里不断翻新巢穴，一个巢穴有时能用 15 年。如果巢穴中的雄鸟死亡，附近的雄鸟将为争夺空巢展开激烈的竞争，它们都想成为爱巢的主人。

不求偶时，缎蓝园丁鸟以水果、鲜花、种子、花蜜、昆虫或无脊椎动物为食。它经常在土地中翻找食物，这种习性有时会给它带来严重后果。比如，由于对果园造成了破坏，墨尔本附近的缎蓝园丁鸟几乎已被赶尽杀绝。

缎蓝园丁鸟善于模仿各种各样的声音，包括口哨声、蜂鸣声、猫叫声、犬吠声，甚至还有人类活动中的各种噪声。

海中的雕塑家

窄额鲀

学名：*Torquigener* sp.
体长 10—20 厘米

窄额鲀广泛分布于世界各地，它栖息在珊瑚礁上，以藻类、软体动物、海绵、珊瑚、甲壳纲动物和棘皮动物为食。它强壮有力的下颌长有 4 颗牙齿，是有什么吃什么的杂食动物。

与其浑身长刺、见之难忘的表亲刺豚（*Diodon* sp.）一样，窄额鲀在受到威胁时会膨胀成球，恫吓捕食者。不过，它没有棘刺，连鳞片也没有，很令人意外，对吧？但这还不算最惊人的，窄额鲀还有更出人意料的独特之处。最值得一提的是，为了吸引雌鱼，雄鱼拥有同建筑师和工程师一样出色的创造力，而浑身长满尖刺的刺鲀就没有这样的本领。

在日本南部奄美大岛附近的海域水下 30 米处，窄额鲀在海沙上制造出壮观的迷宫图案，好似海床上的玫瑰花窗。这些图案一直以来都是个谜。它们呈现出明显的对称性，直径可达 2 米，是窄额鲀体长的 15 倍。现如今，谜底已经揭开。原来，雄鱼花费 7 到 9 天时间完成这些杰作是为了引诱异性，繁殖后代。它用躯干和鳍在海沙中犁出浅沟，划出平行的小小沙丘，创作出我们所看到的水下壁画。不但如此，它还会进一步发挥才能，用拾来的贝壳精心装点自己的作品。

一个令人称奇的事实是，作品的图案越复杂，就越有可能得到异性的芳心。在雌鱼检阅作品后，双方便会交配。雄鱼在沙画上划出的纹路除了美观之外，还能防止鱼卵漂走，而散落其间的贝壳可以作为幼鱼刚出生时的食物。这真不愧是大自然的杰作。

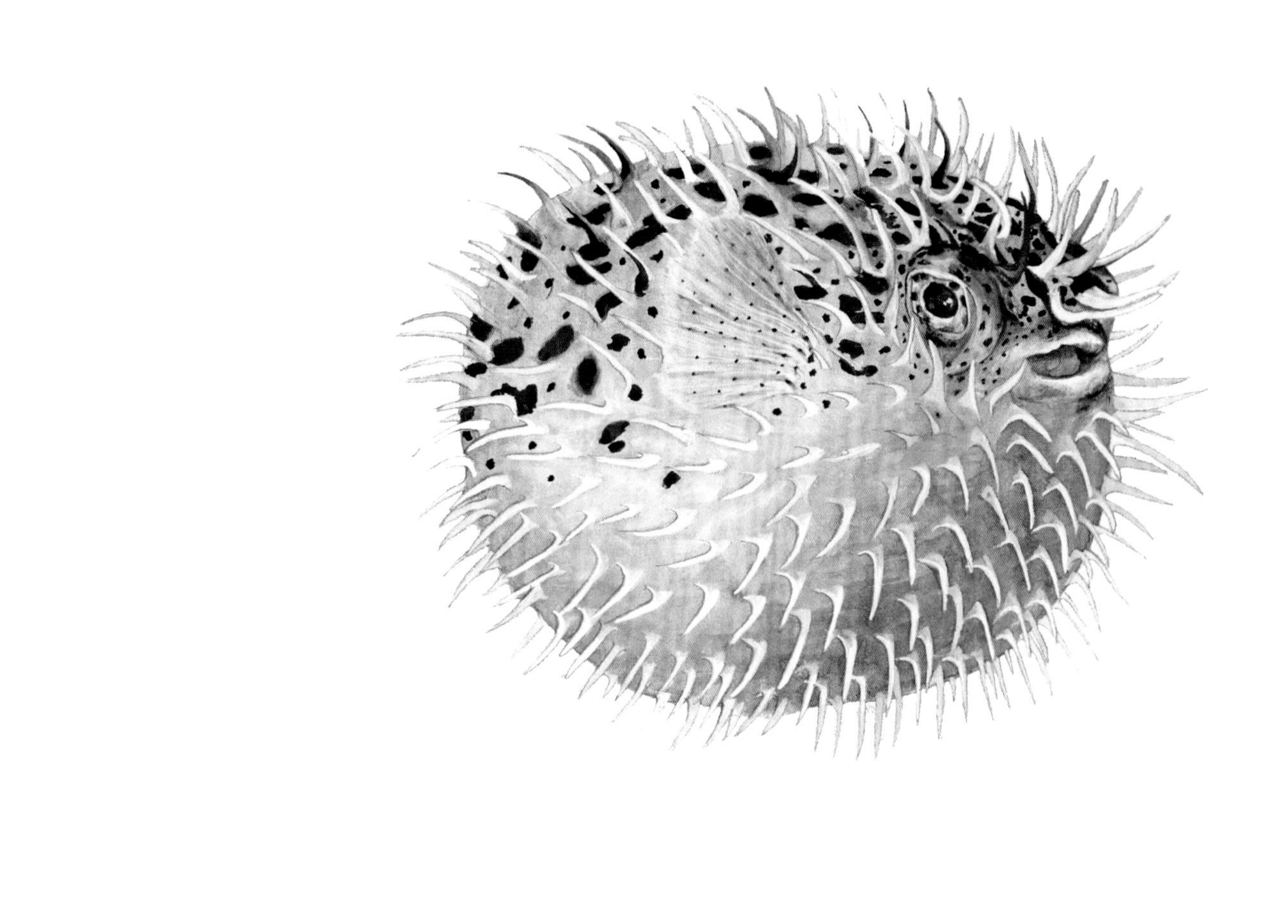

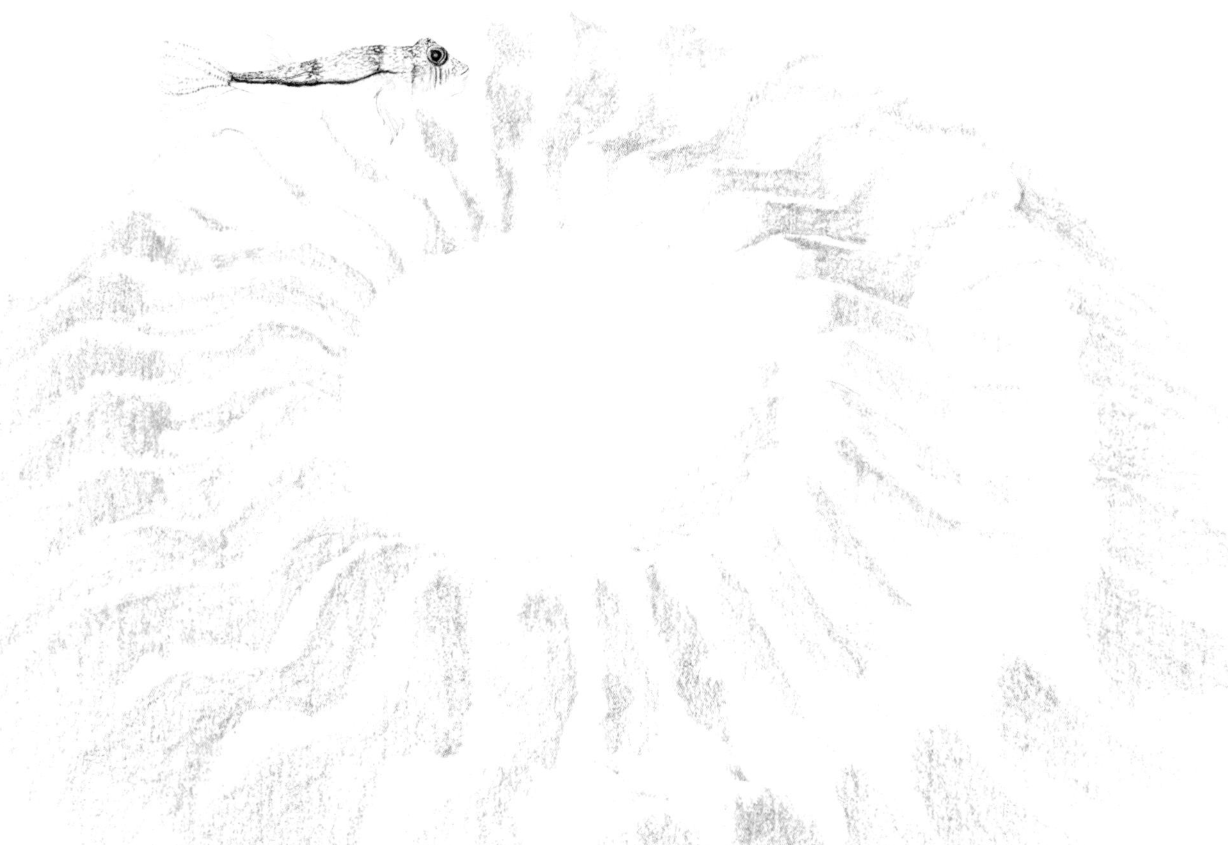

抛开艺术特长不谈，窄额鲀有两个重要特征与它的表亲刺鲀相似。一是窄额鲀能将食道灌满水或空气，在几秒钟内膨胀成吓人的球形，让袭击者难以撕咬。二是它能制造一种强力的神经毒素——河鲀毒素，其毒性比氰化物剧烈1200倍。这种毒素由窄额鲀进食的藻类中所含的细菌合成，能麻痹肌肉，引起呼吸衰竭，进而导致死亡。窄额鲀和刺鲀都对河鲀毒素免疫，因为它们各个身体器官中都能积累这种毒素，尤其是内脏和卵巢。值得一提的是，这种毒素在它们的刺尖处含量颇高，尤其是正处在繁殖季节的雌性刺鲀。对许多捕食者来说，这种毒素是极具震慑力的武器，许多厨师和食客因此望而却步。

说到这里，我想到了另一种同样含有河鲀毒素的著名鲀类——红鳍东方鲀（*Takifugu rubripes*）。这种鱼在日本、波利尼西亚和中国台湾被视为珍馐佳肴。不过，在从前，日本天皇和武士不允许食用河鲀，这条戒律对如今的天皇仍然有效。因为如果鱼肉加工不慎，食客在数小时内必死无疑，哪怕只是极少的量。要知道，25毫克的河鲀毒素足以杀死体重75千克的人，而且没有任何解毒药能抢救。正因如此，这种鱼成了文学和影视作品中的明星，被各路杀手充分利用，《神探科隆坡》某一集中的美食评论家就是这么做的。

大家以为我在数鱼。不，我在观察它的灵魂，我在品读它的梦，它也侵入了我的梦。人们觉得鱼很笨，这种看法是错的。鱼明白沉默的可贵，蠢笨的是人。鱼什么都明白，它不需要思考。

——埃米尔·库斯图里卡（Emir Kusturica），《亚利桑那之梦》编剧让我们从虚构世界回到现实中来。河鲀毒素可以让捕食者敬而远之，但其作用远不止于此。下面这则知识就有些滑稽了：在小剂量摄取的情况下，这种毒素会成为一种致幻剂。一段30分钟的视频显示，莫桑比克附近海域的某群海豚似乎将窄额鲀当成玩具。窄额鲀感觉自己受到了威胁（它的感觉还挺准），便释放出神经毒素。这时，那群海豚看起来就像被催眠一般，陷入了迷幻状态，窄额鲀也因此得以逃脱。在近来40年间，由于人类大量捕捞，某些窄额鲀品种的数量减少了99.99%。

小巧的引诱者

孔雀蜘蛛

学名：*Maratus volans*

体长 3—5 毫米

除了让人恐惧和厌恶，蜘蛛还以堪称建筑和技术杰作的可怕陷阱——蜘蛛网而闻名。但对于蜘蛛作为引诱者的才华，我们却知之甚少。是的，蜘蛛也会引诱异性。在跳蛛科中，有一位成员展现出了独一无二的求偶技巧，它便是身材小巧的孔雀蜘蛛。这种视力出众的神奇小蜘蛛直到 21 世纪最初几年才真正被人类所了解。

雄性孔雀蜘蛛丰富的色彩源自体表的鳞片，其结构比蝴蝶还要复杂。这是一种前所未见的显色系统，由此产生的鲜艳色彩专用于引诱雌蛛。雄蛛身上有红色、黄色和白色色素，其鳞片在过滤阳光后可反射出鲜艳的蓝色和紫色。这种鳞片的组织结构极为精密复杂，它由两层几丁质组成，中间有不到 1 微米的空气层。鳞片表面有平行排列的网格状纤维，间距只有 0.1 微米。这种结构能充分折射光线，尤其会突出蓝色。

孔雀蜘蛛虽然很小，却很有能力，雄蛛非常清楚如何利用自己的特长征服异性的心。让我们想象一下那番场景吧。首先，雄蛛竖起身体的后半部分，腹部闪现出蓝、红、黄、橙等色彩。接下来，它像孔雀一样出现在雌蛛面前，与对方目光接触，随后展现出自己的腹部。它还会根据周围光线的反射角度选择自我展示的最佳方位，尽可能让自己显得明艳亮丽。

大家都觉得蜘蛛很危险，浑身毛茸茸，颜色灰扑扑，除了感到恐惧就是厌恶。但你们大错特错了，蜘蛛非常可爱。为蜘蛛正名是我工作的一部分。

——克里斯汀娜·罗拉尔（Christine Rollard）

有时，雄蛛会猛然向后一跳，躲开雌蛛，因为有时体形较大的雌蛛会将雄蛛当成食物。所以说，这种求偶仪式是一场生死之舞，有可能繁衍新生命，也有可能让雄蛛丧命。

好在雄蛛对引诱异性有着浓厚的兴趣，绝不会对这项任务感到恐惧或厌烦。它将根据雌蛛的反应再次跳起求偶之舞，持续几秒或几分钟。为了提高胜算、说服雌蛛与自己交配，雄蛛有一整套动作和视觉信号：它先用脚提醒雌蛛注意自己所在的位置，然后配合舞步，翘起彩虹色的腹部来回摆动，摇晃须肢和长满黑白两色刚毛的第三对足，同时不断移动身体。运气好的话，这支精心设计的舞蹈确实能让雌蛛侧目。

通过这种复杂的求偶方式，雄蛛向雌蛛示意自己已经做好了繁殖的准备。有时候，数只雄蛛会为一只雌蛛展开竞争，由雌蛛选择与哪一只雄蛛交配。每一只雄蛛都有自己的求偶舞步，在动作和振动信号上各显神通，另外，它的速度和艳丽程度也各不相同。因此，雌蛛可以凭借每只雄蛛所独有的信号选择配偶。

人们用高速摄影机拍下雄蛛求偶的过程，并对其进行分析，由此得出了一项结论：雌蛛在挑选雄蛛时，考虑的不仅仅是外表，还有其他因素，比如力量、舞姿和健康状态等。

小小的孔雀蜘蛛的外表和它的舞蹈一样美丽。交配过后，雌蛛将在两周后产卵并将卵孵化。幼蛛将在母亲身边生活两周，直到能够独立生活。雄性幼蛛成年之后会再度跳起全世界最微型的彩虹之舞……

会飞的龟

猪鼻龟

学名：*Carettochelys insculpta*
体长 55—75 厘米

长着猪鼻子的龟真是一种独一无二的爬行动物，它游弋的样子轻灵舒缓，仿佛在水中翩翩飞舞。猪鼻龟是体形最大的淡水龟，是 4000 万年前幸存至今的物种，也是世界上唯一吻部突出的龟。它用吻部寻找幼虫、甲壳纲动物、小鱼、蜗牛、蠕虫、藻类植物、树叶乃至落入水中的果实。杂食性的猪鼻龟有什么就吃什么，在必要时也以腐肉为食。

猪鼻龟凭借不挑食的习性生存了下来，然而却要面对繁衍后代的难题。猪鼻龟每两年繁殖一次，因此必须尽最大可能保证卵的孵化和幼龟的生存。为此，猪鼻龟采取了两条了不起的策略。一是在旱季时，雌龟会爬上河岸，在沙地里挖一个深约 50 厘米的巢穴以待产卵。一般来说，平均每只雌龟要产下十几枚卵，有时多达 40 枚。在温度高的巢穴里（大于 32℃）孵出的均为雌龟，在温度较低的巢穴里孵出的是雄龟，而在温度适中的巢穴里，两种性别都有可能。

二是托大自然母亲的福，小猪鼻龟恰好能在水位上涨之际破壳而出，马上进入水下环境，不至于像海龟幼崽那样，由于出生时暴露在沙滩上，很多都成了捕食者的食粮。而且，小猪鼻龟的背甲边缘有多个锯齿，可以使它少遭伤害，从而提高存活概率。

乌龟不起眼，可别小看它；明天给你指路的，没准就是它。
——生活在西南非洲（纳米比亚和安哥拉）的奥万博族谚语

成功产卵并孵化对猪鼻龟而言并不是一件容易的事，因为它不仅经常面临鳄鱼、蜥蜴等捕食者的袭击，而且那些留在岸上的巢穴、卵和幼龟还有可能遭到水牛群的踩踏。更何况还有以龟蛋为食的入侵物种，例如海蟾蜍。

不过，猪鼻龟最主要的敌人无疑是人类，它的家园正在被采矿或农耕活动摧毁。它被人类捕捉，放在宠物店里饲养，甚至沦为提供肉和蛋的食物来源。

40 年间，猪鼻龟的数量减少了 50％以上。每年有 100 万至 200 万枚猪鼻龟卵在国际贸易中流通。如果不对猪鼻龟贸易进行严格管控，这一物种将很快濒临灭绝。

让人心痛的是，在这一方面，猪鼻龟并不是龟类中唯一的受害者。全球 2/3 的龟类都面临着生存威胁，有的甚至已经消失。产生这一后果最关键的原因是，人类在自然环境中采集龟卵，随后出售，导致大规模龟卵贸易。目前，猪鼻龟已受到《濒危野生动植物种国际贸易公约》的保护，人们也为其制订了一些繁育计划，主要在澳大利亚地区实施，让猪鼻龟的未来多了一线希望。

很久以前，一只龟在淡水中遨游。不知不觉间，这只龟的独特本领帮了考古学家的大忙。为什么这么说？因为这种龟为机器人设计专家提供了灵感。这些设计专家研发出一款小型 U-CAT 水下机器人，机身有 4 个独立的鳍。这些鳍不会像螺旋桨那样扰动水体，在探索海底残骸时也很容易操纵。大自然真是人类一切灵感的源泉啊。

孤独繁殖的动物

无沟双髻鲨

学名：*Sphyrna mokarran*

体长 5—6 米

在我眼中，无沟双髻鲨是海洋中的王者。它异常美丽，气度震撼人心。扁平宽阔的头部和异常突出的背鳍让它看上去仿佛是来自另一星球的动物。无沟双髻鲨是海洋中最神秘莫测的生物之一。尽管体形庞大、体重接近 1 吨，但它在海里却能优雅地游弋。这种鲨鱼不仅姿态轻盈，繁殖方式也十分神秘。

由于无沟双髻鲨数量稀少，人类对其繁殖方式的了解十分有限。根据观察，雄鲨鱼会在雌鲨鱼周围来回游动，选择体形最大（体形越庞大，意味着繁殖能力越强）的雌鲨鱼作为求偶对象。天黑之后，配对成功的鲨鱼便消隐无踪，离群交配。第二天，恢复单身的雄鲨鱼将再次争取桃花运。

而最令人惊讶的还在后面。2001 年，美国亨利多立动物园饲养着 3 条窄头双髻鲨（*Sphyrna tiburo*），该物种与无沟双髻鲨有很近的亲缘关系。请注意，3 条都是雌鲨鱼。然而，令所有人目瞪口呆的是，其中一条雌鲨鱼产下了一只幼崽。是神迹吗？并不是。科学家的第一个解释是雌鲨鱼能储存精子，以供日后使用。可是精子的存活期最长不超过 5 个月，而这 3 条雌鲨鱼最后一次接触雄性已是 3 年之前了。因此，必须考虑另一种可能性：孤雌生殖。这是无性繁殖的方式之一，雌性无须交配便能独自诞育后代。随后，人们对鲨鱼幼崽进行了遗传分析，结果发现这条鲨鱼宝宝体内完全没有父系染色体的痕迹。这是人类发现的第一例鲨鱼孤雌生殖。

海洋里的盐分，来自被误解的鲨鱼的眼泪。

——希普诺蒂德乐队（Hypnotide），《内陆》

无论是有性繁殖还是无性繁殖，双髻鲨都要通过胎生的方式产下后代，孕期为 9 到 12 个月。雌鲨鱼腹中可发育 10 到 40 个胚胎，幼崽出生时体长约 60 厘米。在加拉帕戈斯的红树林和珊瑚礁保护区，研究人员发现了一所名副其实的“无沟双髻鲨幼儿园”。这一发现意义非凡。数百万年来，雌鲨鱼都来到这里分娩，产子之后便会离去，鲨鱼幼崽则在这片远离捕食者、食物丰沛的乐土独自成长。

除了繁殖方式不同寻常之外，无沟双髻鲨还是身手不凡的捕食者。它以鱼类、鲨鱼、甲壳纲和头足纲动物为食，最喜欢吃的是纳氏鹞鲼（又名雪花鸭嘴燕魟），它对这种动物的毒液免疫。无沟双髻鲨靠高度发达的感官捕猎，包括味觉、嗅觉和听觉。它拥有立体的全方位视野，能追踪极远距离外的猎物。它也能感知到微乎其微的压力差，还能探测猎物的电场。扁平宽阔的头部使它可以在黑暗中看清周围的一切，还能准确估量距离。

无沟双髻鲨的皮肤表面覆有鳞片和朝向尾部的细齿状结构，看起来十分粗糙，不过这使它的身体拥有了无比优越的流体动力学特点。别忘了，无沟双髻鲨对电流异常敏感，从某种程度上来说，这种探测电场的能力就是所谓的“第六感”。它可以感知到猎物肌肉收缩的细微动静，即便对方藏身于沙中也能发现。

鲨鱼在我们的星球上生存了 4.5 亿年，令人闻风丧胆，却也令人着迷。它征服了几乎所有的大洋，在海洋系统中发挥着至关重要的作用……然而，这种不招人喜爱的绝妙生物正面临着绝种的危险。这是一场沉默而残酷的物种灭绝，缓慢推进，步步为营，赶尽杀绝，实在让人无法忍受。

这种感知能力还有利于鲨鱼的另一项基本活动：导航。无沟双髻鲨一般会成群结队地行动和迁徙，规模大得惊人，它在一年中可以跨越数千千米，行动路线有时比候鸟还要复杂。它还常以数百条为一群，聚在一起繁殖或觅食。

无沟双髻鲨是怎么导航的呢？这要得益于其背部复杂的电敏感受器系统，这些感受器与其吻部和头部的接收器相连。因此，除了根据太阳和月亮的位置辨别方向之外，它还可以通过地球磁场、其他动物和大型洋流产生的电场来判断方位。由此看来，这种鲨鱼体内的地磁罗盘或许可以解释它难以置信的定位能力和能够大规模聚集的原因。

不幸的是，在全球500多种鲨鱼中，有180种都面临猎杀威胁，其中30种更是濒临灭绝，无沟双髻鲨便是其中之一。每年，平均有1亿条鲨鱼惨遭屠戮，即每秒钟有3条鲨鱼丧生。为什么会出现这样的惨剧？一部分原因是人们觉得鲨鱼性情凶残，另一部分原因是人们用它的鱼翅煲汤。

鲨鱼嗜血嗜杀的恶名广为流传，但其实都是荒唐的无稽之谈：每年关于鲨鱼致人死亡的袭击事件大约有5起，而犬类袭击人类致死的事件却有30起，水母袭击事件为100起，大象袭击事件为600起，蝎子袭击事件则多达5000起。

鲨鱼们还有一线生机吗？有，在厄瓜多尔、法属波利尼西亚、帕劳、马尔代夫、洪都拉斯、巴哈马和托克劳等地设立的鲨鱼保护区都功不可没。另一个好消息是，最近科学发现表明，鲨鱼的鱼翅有毒，不宜食用。

第四章

与生老病死作斗争

自我诊疗的大师

黑猩猩

学名：*Pan troglodytes*
体长 1.30—1.70 米

这种“大猴子”是灵长目动物，和我们一样属于人科，只是它的毛发比我们浓密一些。和人一样，这种动物简直太神奇了。不不，最好不要贸然做这样的比较，因为这种动物在许多领域的表现要比我们好。

在黑猩猩的诸多天赋中，有一种对我们有很大用处：它懂得给自己治病。自 20 世纪 70 年代开始，人们便发现黑猩猩（尤其是坦桑尼亚和乌干达一带的黑猩猩）懂得利用有药用价值的植物。它采食具有抗菌效果的果实，还会将其与别的食物搭配食用，抵消某些果实的轻微毒性。它们食用的某些含有抗生素的花朵和具有抗寄生虫作用的树叶可促进肠道蠕动，有的甚至能刺激子宫收缩，帮助分娩。有时，黑猩猩还会剥下树皮，舔食树脂——科学研究发现，树脂中的某些成分能杀死寄生虫，还有些能减缓癌细胞的生长。

有趣的是，不同的黑猩猩种群有不同的自我治疗方式。因此，黑猩猩给自己看病的做法极有可能是一种文化传承。当黑猩猩感到肚子不舒服时，就去寻找某种树木，摘几片苦涩的叶子吃下去，这些叶片中含有对抗疟原虫属寄生虫（引发疟疾的元凶）的有效成分。黑猩猩经常吃的药用植物有近 10 种，这些植物中都能提取出对抗寄生虫的成分。由此可见，与只会使用少数几种药物抗击疟疾的人类相比，黑猩猩要厉害多了。

另外，它每晚临睡前都会给自己搭一个窝。在乌干达，黑猩猩往往会选择蚊子比较少的地方筑巢。它会不会特意选择防蚊虫或者较为柔软的植物，让巢穴更加舒适呢？有待探索。

一直沉迷其中，一直乐在其中，一直为之努力。

——珍妮·古道尔（Jane Goodall）

人类对黑猩猩使用草药行为的研究时间并不久。20 世纪 60 年代，珍妮·古道尔（Jane Goodall）在这方面的研究让学界对“人类”的传统定义产生了质疑。为什么？因为黑猩猩在许多场景下都和人一样擅长使用工具：用树枝蘸蜂蜜或骨髓，拿来粘白蚁；用石头或树枝砸坚果；将树枝制成尖利的木棒，用来捕食狐猴；在攀爬多刺的树干时，做一双“鞋”来保护脚掌；等等。这些工具中有许多都颇为复杂，需要学习才会使用。人们发现，一些黑猩猩妈妈会反复示范正确的动作给宝宝看。由此可见，教育或许是一门人类与黑猩猩共同的学问。

另一个激动人心的事实是，不同的黑猩猩种群（乌干达种群、科特迪瓦种群和几内亚种群）所掌握的技术也有所不同。因此，许多研究者毫不犹豫地提出，这种动物有自己的文化。这带出了另一个疑问：黑猩猩懂得创新吗？在科特迪瓦的塔伊森林中，连续数代的黑猩猩都用树枝撬坚果，而有一天，一只名叫尤里卡[1]的雌猩猩改用了石头，接下来的日子，其他黑猩猩也开始效仿它的做法。经过几代传承，整个黑猩猩种群都开始把石头当作撬坚果的工具。因此我们可以得出结论，黑猩猩是有创新能力的。

而在另一个领域，它的表现更加出色：记忆力。同样以科特迪瓦的这群黑猩猩为例。它能在脑中记下方圆 25 平方千米的地形图，知道该去哪里找吃的，还会规划出最快捷的路线。它的空间想象力也很好，能在任何位置计算出自己与目的地之间的距离，还会用身边的物体做标记。从一个地方前往另一个地方时，它会选择最短的距离，不绕弯路。尽管黑猩猩只能看到最多 30 米开外的事物，但它却非常清楚该去哪里寻找食物和躲避危险。

1. 尤里卡（Eureka）：“尤里卡”源自古希腊语中的感叹词，意思是“好啊！有办法啦！”。典出古希腊学者阿基米德。相传他在洗澡时突然灵光一闪，想出了计算浮力的办法，惊喜地喊道“尤里卡！”，由此发现了阿基米德定律。“尤里卡”也随之成为发现新事物或解开难题的感叹词。

在一项借助计算机进行的空间记忆测试中，研究人员将黑猩猩与人类作比较。首先，在屏幕的不同位置上会同时出现 9 个数字，然后这些数字会被白色方块所覆盖。测试对象需要凭记忆按照从小到大的顺序点击 9 个数字所在的方块位置，才能获得奖励。结果呢？黑猩猩顺利通过了八成测试，正确率是人类的 2 倍。

黑猩猩从很小的时候起便具备高度发达的视觉记忆力，这是一种照相机式的记忆。毫无疑问，这种能力会让它在野外记住果实最丰美的地方和前往那里的最佳路线。我想，如果黑猩猩不故意破坏我们的实验设备、不向我们乱扔东西，我们会发现它更多的秘密。

传统医生和乡下居民都懂得妙用草药，与他们类似，黑猩猩也会用植物来给自己治病。地球上有 50 万种植物，但人类所了解的只占其中的 10%。在未来，人类也许能根据黑猩猩用的草药开发出全新的药物。

身体可再生的水怪

墨西哥钝口螈

学名：*Ambystoma mexicanum*
体长 20—30 厘米

如何以旧换新？墨西哥钝口螈有个好主意。这种被阿兹特克人称为水怪的动物是有尾目大家族的一员，该目下还有蝾螈科和急流螈科。墨西哥钝口螈主要栖息在海拔 2000 米以上的湖泊，积水的火山口中也有它的身影。

野生墨西哥钝口螈通常为深色，但也有缺乏色素、只有眼睛是黑色的白化个体。它通过皮肤、肺和头部周围的外鳃呼吸。该物种具有幼体成熟的特点，几乎从来不会进入成年期，除非遇到水位骤降且气温急剧变暖的情况。近距离观察，你会发现墨西哥钝口螈是一种令人过目难忘的动物，不过它最神奇的特点还在后面。

蜥蜴、蝾螈、螃蟹和章鱼在受重伤或断肢时，可以重新长出肢体和器官。这种迷人的再生能力在墨西哥钝口螈身上体现得尤为突出。当它的某个部位受伤时，伤口处会形成一小块肉瘤，即胚芽，经过 3 周就会长出与原来一模一样的新组织。因此，墨西哥钝口螈能够在几个月或几周内长出新腿、新尾巴、新眼睛，甚至一部分大脑。不用说，这种动物对器官移植有着非凡的耐受力，对癌症的抵抗力也极强，它的卵巢也可以不断再生，终生都能产卵。

考虑到这种动物对再生医学和生育医学可能产生重要的影响，人类一直在对其进行深入研究。举例来说，识别墨西哥钝口螈体内触发再生的生物标志物，或许在未来某一天就能造福人类——断肢再生是多么不可思议的本领啊。这样的目标已不再是空中楼阁的幻想。

人类在很久以前就发现，胚芽中的胚胎干细胞具有多能性，即可能分化发育成任何一种器官。因此，学界一直认为只有胚胎阶段的细胞才具备分化发育的功能，成年个体体内受损的细胞无法通过再生恢复到完好如初的状态。但这种认识是错的。实际上，人们发现这些受损细胞可能会再生，而且会记住自身的功能。

由此可见，并非只有胚胎干细胞才能分化再生，成年哺乳动物体内的细胞也可以。但是，机体再生的难题显然还远远没有解决，因为哺乳动物的身体用愈合结疤机制来应对外伤已有数百万年之久，谁也不知道身体对再生机制会有何反应。再生过程中的细胞增殖一旦不受控制，就与癌症别无二致。

不论人类想从墨西哥钝口螈身上得到什么，我们都应该多关注这一物种在霍奇米尔科湖的生存状态，因为短短 10 年间，这种动物的数量就从每平方千米 6000 只减少到了 100 只。尽管它每年产卵 4 次，总共最多可产下 1500 枚卵，但是污染、捕鱼业、外来物种入侵都让墨西哥钝口螈的处境岌岌可危。这种动物已陷入极度濒危状态，或许很快就会彻底消失。

墨西哥钝口螈象征着一种原始的生命形式。与古埃及的青蛙一样，它代表着世界中难以理解的力量，是原始水泽中天然造化的生灵。

——乔治·波瑟内（Georges Posener）

永远年轻，返老还童

灯塔水母

学名：*Turritopsis nutricula*

体长 5 厘米

水母的体形很小，本领却很大。这些不起眼的小生命是地球上最古老的动物之一，有些水母化石遗迹已有 6.5 亿年的历史。它没有骨骼和大脑，身体 98％都是水。在目前已知的数千种水母中，有些轻轻一碰就会释放致命的毒素，有些长着 24 只眼睛，但最稀奇古怪的还要数灯塔水母，它是唯一能够逆转细胞衰老过程的动物。是的，这种水母可以返老还童！

准确地说，灯塔水母的独特之处在于：在压力过大、食物不足或逐渐衰老时，它可以从水母阶段回到水螅阶段，也就是幼体状态，即便它已经性成熟。不过请注意，灯塔水母并非不死不灭，疾病、捕食者或意外都可能夺走它的生命。这种技能只是生物学意义上的长生不老。更令人难以置信的是，通过阻止细胞死亡、修复受损细胞，灯塔水母可以无限逆转衰老过程。这种现象叫作“分化转移”。这一过程让再生医学看到了生产替代细胞的可观前景。

灯塔水母在加勒比海深处默默进化，每年数量都略有增加，想必背后有诸多原因：永生的本领；全球变暖，大气层中二氧化碳浓度增加；捕食它的动物遭到过度捕捞等。

从水面到海底都有水母的踪迹，它既吸引人又让人恐惧。它的外形、大小和颜色使之成了一种缠绕在诸多谜团之中的绝美生物。

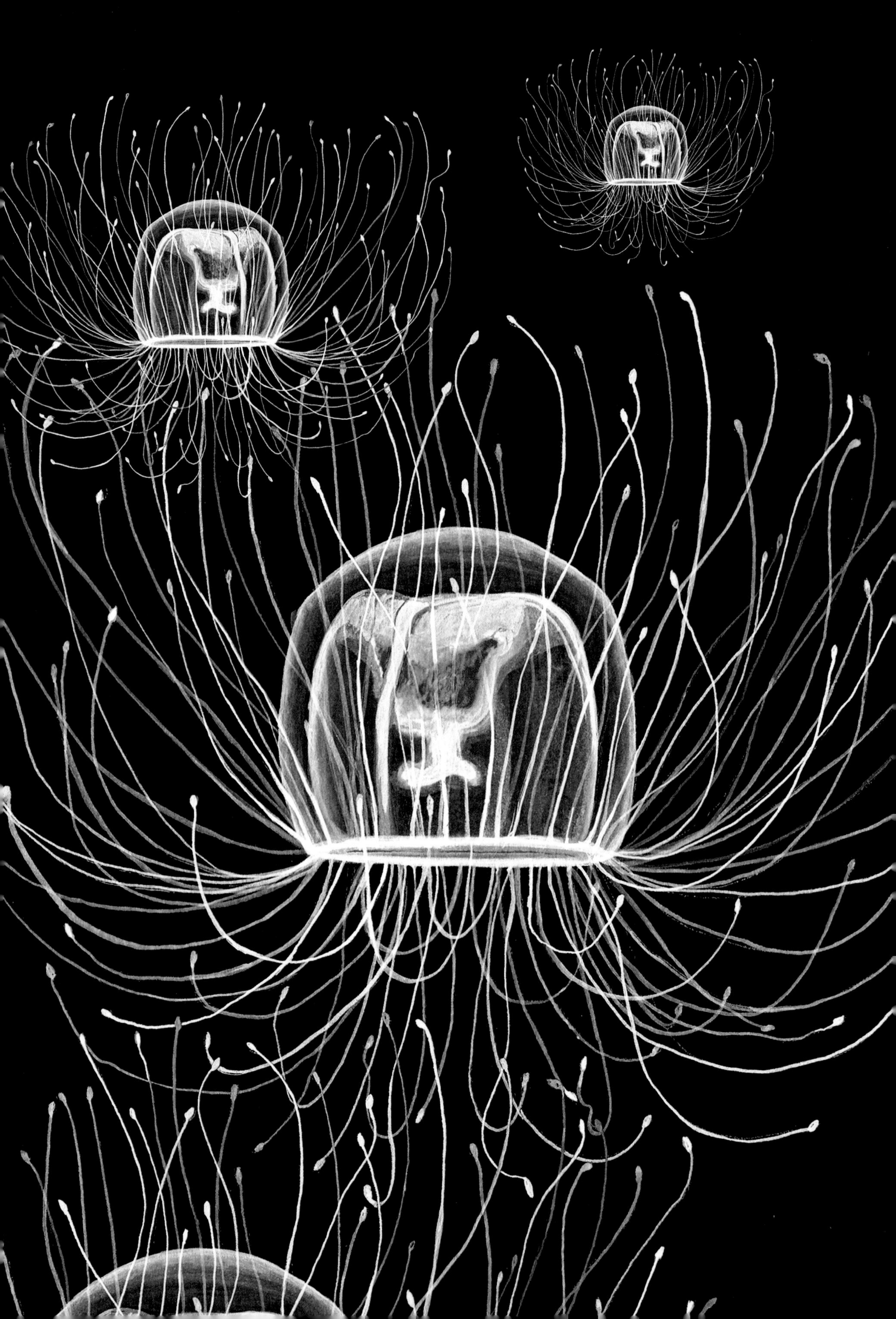

不死不灭的地外生物

水熊

学名：*Tardigrada*

体长 0.1—1.5 毫米

如果发生来自宇宙的浩劫，地球陷入极端气候（干旱或洪灾），在高压、强辐射、缺氧或接近绝对真空的环境，谁能幸存下来？大自然中谁有这样的能耐？当然是这些无法被摧毁、体形微小的水熊。它又名缓步动物，顾名思义，即行动缓慢的家伙。

这些动物有 8 条腿，腿末端有爪子，头部有一个突起。它能经受任何考验，不畏任何艰险。缓步动物是节肢动物的近亲，生活在沙地、冰川、火山附近的温泉里，以苔藓和地衣为食，偶尔也吃蠕虫，它会用头部的突起刺穿蠕虫的表皮。

水熊（现已发现近 1000 种）可以耐受各种不宜生命生存的条件。没有一种水熊同时拥有所有的能力，但是每一种都有不同寻常的本领。它不惧死亡，能够进入一种叫作“隐生”的脱水状态（完全没有活性，新陈代谢水平大幅降低），以此抵御缺水少食等极端条件。处在脱水状态时，它用一种耐低温的糖分取代水分，从显微镜下看，就像是身体被包裹了一层蜡。等到环境条件合适时，它又能恢复新陈代谢，重现生机。可以说，它陷入临床死亡的状态，只是为了日后的复活，真是非凡的本领。

水熊是多项纪录的保持者，它可承受零下 200℃的低温。在实验室里，曾有些水熊在零下 270℃的环境中生活了 20 小时。有一只在零下 20℃的苔藓中冰冻 30 年后竟重获新生！抵御寒冷的能力并不妨碍它在高温下存活，它能在 150℃甚至 360℃的环境中持续待上半小时至 1 小时。

如果只剩一个，那一定是我！

——维克多·雨果（Victor Hugo）

这还不算完。“联盟号”火箭曾将一些水熊送上太空，使其暴露在宇宙辐射和真空中，它们竟然活了下来。某些水熊能承受600兆帕的压力，那相当于60000米深海的水压。它们还能在高达人类耐受剂量1000倍的X射线照射下存活。

除此之外，水熊还拥有抗紫外线的能力，可耐受每平方米7000千焦的强烈紫外线，这种程度的照射足以摧毁一切有机体。不但如此，它甚至能抵抗核电站散发的电离辐射。

水熊还有一项小小的本领：当遇到不利于交配的恶劣环境时，它可以将体内的性细胞直接转化为能孵出幼虫的卵。

水熊为什么会有这样神奇的能力呢？人们还没有明确的答案。不过，目前有两种猜测。

一是这些生存高手有一种能修复自身DNA的蛋白质（Dsup，即“损伤抑制者”），从而使自己免受X射线的伤害。值得注意的是，这种蛋白质可转移到包括人类在内的其他有机生命体中。

二是水熊可能从一些细菌那里借来了某些基因。众所周知，细菌能在相当恶劣的条件下生存。可能让科幻迷狂喜的是，水熊说不定是9000万年前附着在陨石上来到地球的异类，因为有人认为这种适应极端条件的能力只可能在地球之外获得。

这样说来，水熊竟是不死不灭的地外生物？甭管它是哪儿来的，反正即使你没了，它也还在，现有证据充分表明，它还将在地球上存活很久……

冰中长眠的动物

阿拉斯加林蛙

学名：*Rana sylvatica*
体长 3—7 厘米

在严酷的冬季，阿拉斯加林蛙在结冰的土中一动不动。它被冻成了冰块。然而，当春回大地时，它又将恢复生机。暴露在零下 20℃的低温环境里，其他动物只有死路一条，但林蛙却生存了下来，它究竟是怎么做到的？

让我们仔细看一看。当阿拉斯加林蛙将部分身体埋入土中，它的生命机能便暂时停止，不再呼吸，血液基本不再流动，心跳几乎停止，四肢变脆，很容易断裂。但它为什么还能活着呢？因为体内的肝糖使其血液和细胞不会结冰。而当它的皮肤开始结冰时，就会触发这种肝糖的合成。这种糖具有抗冻性能，能防止水在低温结晶时破坏细胞组织，反之也能防止冰晶解冻时破坏细胞。通常来说，结冰会使细胞结构遭到破坏，导致有机体死亡。而在阿拉斯加林蛙身上，结冰只发生在细胞之间，不会刺破细胞膜。

另外，具有抗冻性能的尿素也有助于林蛙在极度低温中生存。要知道，它体内尿素的浓度是其他蛙类的 3 倍之多。

可以确定的是，阿拉斯加林蛙还有许多秘密。这些不可思议的能力始终让人类充满好奇，想更多地探究其背后的故事。

第五章

伪装、自保与自卫

是昆虫还是树叶

巨丽叶蝽

学名：*Phyllium giganteum*
体长 5—12 厘米

巨丽叶蝽是竹节虫目（也称蝽目）昆虫，享有伪装艺术大师的称号。它对树叶的模仿惟妙惟肖，甚至不惜大费周章，完美地模拟出受损叶片上的每一处细节，包括零星的褐色斑点、叶脉和不规则的枯黄边缘。不仅如此，这种竹节虫还会来回摆动身体，模仿树叶在微风中颤动。它简直就是一片长了腿的叶子！伪装是躲避捕食者的关键，对于雌性巨丽叶蝽来说尤其重要，因为它的鞘翅是固定的，几乎覆盖了整个身体，使其无法飞行。因此，它在白天通常一动不动，等到夜间才缓慢行动，以番石榴或杧果树的树叶为食。

除了令人印象深刻的伪装术外，巨丽叶蝽的性别二态性也很明显。雌叶蝽体形浑圆，雄叶蝽身形较窄。另外，雄叶蝽的触角比雌叶蝽的更细更敏锐，很可能是因为雄性需要捕捉雌性散发的信息素，以寻求交配的机会。

巨丽叶蝽是有性繁殖，但可惜雄性数量极少（某些种类的雄性甚至至今还没有被人类发现），还好，雌叶蝽具备产雌孤雌生殖[1]的能力：未受精的雌叶蝽产下的卵只会孵化出雌性。长大后的雌叶蝽又将成为迷惑大师，与环境融为一体，以免成为别人的猎物。它被敌人发现的概率相对较低，因而有更多的机会将拟态基因传给后代。

我们在这座岛上发现了几棵树，树叶
落到地上就活了过来，还会走路。

——皮加费塔[2]（Pigafetta）

1. 产雌孤雌生殖：孤雌生殖也称单性生殖，即卵不经过受精也能发育成正常的新个体。产雌孤雌生殖则是孤雌生殖中的一种特殊形式，即所产生的后代都是雌性。
2. 意大利水手，文艺复兴时期欧洲探险家，是麦哲伦环球航行幸存下来的十八人之一。

是毛毛虫还是蛇

赫摩里奥普雷斯毛虫

学名：*Hemeroplanes ornatus*
体长 4—7 厘米

这种天蛾的幼虫具有非凡的本领。遇到危险时，它会将头部和胸部鼓起，摇身变为树上的毒蛇。它能精准地模仿毒蛇身上的鳞片和三角形头部，还能扩张胸部的最后几节，鼓起眼睛状的斑点，让身上出现两只假眼，从而加强伪装效果。这样一来，毛毛虫便成了一条小蛇！显然，当它看起来像蛇时，对捕食者的吸引力可就大大降低了。

赫摩里奥普雷斯毛虫的拟态不仅体现在构造上，还体现在行为上。比如，它可以十分完美地模仿蛇进攻时的动作，知道如何抬起身体前半部和保持平衡，也可以摆出和蛇一样的防御姿势。那对惟妙惟肖的眼睛状斑点可以使它免遭鸟类捕食者的袭击，即使在树栖蛇类相对较少的地区也很有效。

值得一提的是，它的某些近亲虽然看起来外形并不那么像毒蛇，但其实有毒。它长有一条伸缩自如的小小附器，就像蛇芯一样。总而言之，这种毛毛虫的伪装术很有威慑力，能够让捕食者感到恐慌，促使它转向其他缺乏武装手段的潜在猎物。

毛毛虫想变成蛇，而有些动物却想变成毛毛虫。比如栗翅斑伞鸟（*Laniocera hypopyrra*），它会竖起绒毛，伪装成浑身长满刺的大毛毛虫。为了加强模拟效果，它还会像毛毛虫那样蠕动。

对普通人来说，这种毛毛虫也许看起来诡异又吓人，但对我来说，它和我平时在公园闲逛时遇到的毛毛虫一样。

——丹尼尔·詹曾（Daniel Janzen）

大海里的小马

巴氏豆丁海马

学名：*Hippocampus bargibanti*
体长 0.5—2.5 厘米

巴氏豆丁海马是目前已知的最小海马之一，生活在柔软的珊瑚和海藻中。它利用唯一的背鳍上下活动，因此行动较为缓慢。这种小巧的海马虽然没有鳞片、利爪和毒液，但它有能保护自己的了不起的法宝：不可思议的拟态。

这种海马与柳珊瑚相伴而生。它用尾巴钩住柳珊瑚，将自己固定在上面静止不动，看起来仿佛是柳珊瑚的分枝。巴氏豆丁海马的身体表面覆盖着许多粉色、红色和橙色的小肉球，长得和柳珊瑚一模一样。

让自己不被察觉的确是件大事，但觅食也同样重要。巴氏豆丁海马几乎没有胃部，因此不得不频繁进食。为了弥补行动迟缓的特点，它充分利用自己富有弹性的口部，吮吸离它很近的猎物。甲壳纲动物、各种幼虫、卵和浮游生物都是它的美味佳肴。它用尾巴固定住身体，埋伏起来伺机而动。可以分别转动的双眼为其提供了全方位视野。

有了安全和食物之后，巴氏豆丁海马就要繁殖后代了。雄海马会先跳一段求偶舞，接着雄海马和雌海马将尾巴交缠在一起，开始交配。该动物有一个值得注意的特点：雌海马将卵产在雄海马腹部的育子囊中，由雄海马照顾，直到海马宝宝破卵而出。

一天，地震掀起大海，淹没了整座城市，也淹没了海神波塞冬的神庙……埃拉托斯特尼说他见证了那一切。他说摆渡人告诉他，波塞冬的青铜雕像至今还矗立在海峡之中，一只海马在雕像手中游动。

——斯特拉波（Strabon）

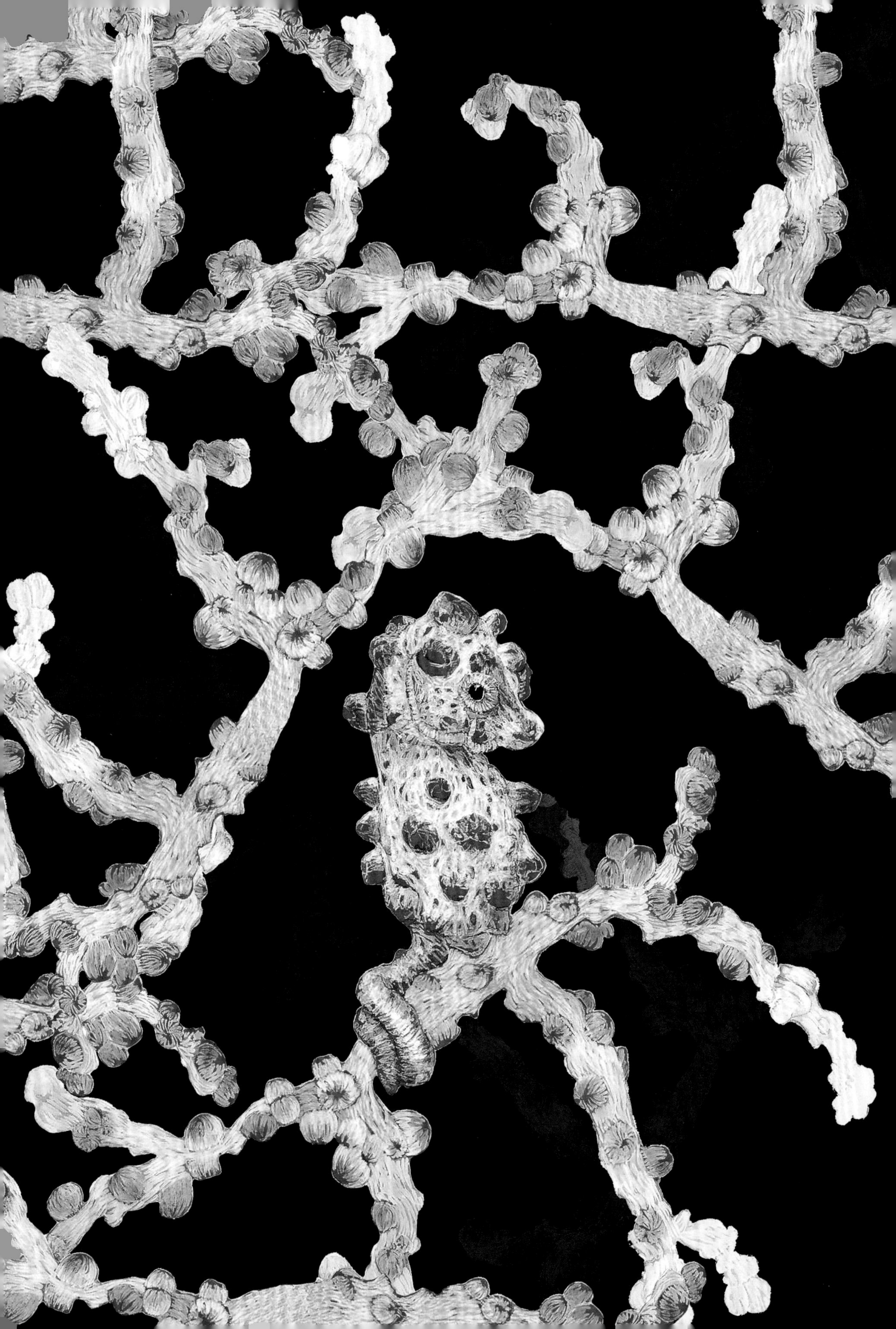

致命的美丽

钴蓝箭毒蛙

学名：*Dendrobates azureus*
体长 3—4.5 厘米

钴蓝箭毒蛙生活在大草原和森林地带，栖息在水源附近的苔藓和岩石上。这种蛙主要在地面活动，但也能轻松跳到树上。它以多种昆虫和节肢动物为食，包括蚂蚁、白蚁、蟋蟀、果蝇、蜘蛛、跳虫等。它身材小巧，明丽的蓝色皮肤上分布着黑色斑点，每只钴蓝箭毒蛙的斑点都独一无二，所以它能轻松地识别彼此。

这种蛙可爱又美丽，但请不要轻易相信它的外表，确切地说，应该要格外警惕它的外表。它那鲜艳的色彩是警告捕食者小心其毒性的信号。这种警告战术称为“警戒作用”，是动物为远离危险而采取的策略。

尝试过一次苦头之后，捕食者就不敢再冒险攻击箭毒蛙了。这种两栖动物体表分泌的黏液含有生物碱毒素，会使对手的神经系统麻痹。这些生物碱来自钴蓝箭毒蛙所捕食的白蚁和蚂蚁，它能将毒素在自己体内转化为更加危险的化学物质。据说，人类只要触碰到钴蓝箭毒蛙的黏液就会被毒死。

另外，钴蓝箭毒蛙的近亲布鲁诺盔头蛙（*Aparasphenodon brunoi*）要更加危险，它是世界上最毒的蛙类，1 克毒液足以杀死 30 万只老鼠或 80 个人！亚马孙一带的美洲印第安人在这些箭毒蛙身上找到了灵感，他们会在箭头上涂抹箭毒蛙的毒液。

痛苦是美丽中暗藏的毒药。

——威廉·莎士比亚（William Shakespeare）

蓝天使

大西洋海神海蛞蝓

学名：*Glaucus atlanticus*
体长 3—6 厘米

大西洋海神海蛞蝓是一种古怪的动物，它属于裸鳃目，即长有露鳃。这些没有外壳的绝美生物常被称为“海蛞蝓”，也因其外形很像神话中的生物而被英语国家的人们称为“蓝天使”或“蓝龙”，这样的昵称很符合它的特点。它长有圆锥形的附肢，这些附肢成簇分布，主要发挥着露鳃的作用。

大西洋海神海蛞蝓只能进行最基本的缓慢运动。它没有壳，感官不发达，不会喷火，却能捕食比自己体形更大的猎物——漂浮在水面的刺胞动物，如僧帽水母、银币水母、帆水母等。

这些水母的刺细胞中含有能引起刺痛的剧毒物质，但大西洋海神海蛞蝓却不会被毒死，因为它的口腔内有一层保护膜，能分泌针对特定猎物的保护性黏液。同时，它还能将未消化的部分刺细胞储存在体表，一旦受到人类或其他捕食者攻击，这些刺细胞便会释放出威力强大的毒素，使对方灼痛，甚至休克。

这种富有魅力的动物，凭借其优美的形态和明艳动人的缤纷色彩，让所有爱好博物学的航海家为之惊叹。

——乔治·居维叶（Georges Cuvier）

为了更有效地防范捕食者，大西洋海神海蛞蝓会将身体翻转过来，借助腹内的气体仰卧在海面上，跟随风和洋流漂荡。想必你要问，这种可笑的仰泳姿势有什么用呢？

事实上，这是一种“背光消影”的实用伪装技巧（鲨鱼也会这么做）：它让呈蓝色和白色的腹部朝上，能避免空中捕食者发现；而将呈银灰色的背部朝下，可以躲开海洋捕食者的视线。尽管有这些不同寻常的办法来躲避捕食者，海蛞蝓仍然难免落为海蟹、蜘蛛蟹甚至水生蠕虫的口中物。

不过，这种生物目前没有灭绝的危险，也许是因为它的繁殖方式发挥了重要作用。大西洋海神海蛞蝓是雌雄同体动物，每一只都同时具备雄性和雌性生殖器官。但它无法自体受精，必须通过面对面的交配完成受精过程。交配过程中，两只海神海蛞蝓会用钩状的雄性生殖器和附肢抱住彼此。交配后，它会在海面或猎物的尸体上产卵。

鲜艳的色彩和体侧的附肢让“蓝天使”呈现出完美对称、不同寻常的华美外表。

浑身铠甲的恶魔

棘蜥

学名：*Moloch horridus*
体长 15—20 厘米

棘蜥又名澳洲魔蜥，是一种在澳大利亚中部沙漠独自生活的蜥蜴。任何人见到它恐怕都会大惊失色。它长着犀牛般的头，披着如铠甲般的刺，活像是科幻电影里跑出的恐龙或怪物。

但它的确是现实中存在的生物。棘蜥全身布满尖锐的鳞片，头部和背部的鳞片更是突出，足以吓退想捕食它的动物（主要是鸟和蛇）。另外，它的脑袋后面还有一个长满棘刺的赘瘤，看起来就像长出了第二个头，用它来欺骗捕食者非常管用。棘蜥在遇到威胁或攻击时，会鼓起身体威吓对方。它灰色、浅黄色和橙色交错的伪装色能使它完全隐蔽在沙漠环境中。为了增强伪装效果，它会在沙漠中一跳一跳地前进，时不时地停顿一下，仅凭肉眼是很难分辨出它的身影的。棘蜥几乎只以蚂蚁为食，它能用舌尖迅速而精准地捕猎蚂蚁。它的消化能力也十分厉害：一只棘蜥一餐可以吞食 3000 只蚂蚁。

它另一项令人印象深刻的本领是，能利用铠甲上吸管一般的尖刺，将沙土中的潮气或植物上落下的水滴收集到自己背上，然后通过复杂的毛细管网络将水引到口中。也许是因为在干旱的沙漠里很难找到充足的水源，棘蜥便进化出了这种巧妙的能力。

凭借尽善尽美的伪装能力和威慑力十足的外表，棘蜥为生存竭尽所能。

无所畏惧的大魔王

蜜獾

学名：*Mellivora capensis*
体长 50—80 厘米

蜜獾是一种独居的小型食肉动物。除了酷爱蜂蜜，它也以爬行动物、白蚁、蝎子和土中的幼虫为食（它用长达 4 厘米的利爪刨土），同时也捕食豪猪、野兔、羚羊甚至羚牛等大型动物。这种动物简直是个大魔王，它不害怕任何动物，哪怕是最危险的狮子、豺狼、鬣狗、猎豹和水牛。凭借其耐受力和攻击性，蜜獾成了非洲大草原上的传奇。

对蜜獾来说，鼓腹咝蝰（*Bitis arietans*）和黄金眼镜蛇（*Naja nivea*）等致命毒蛇都是美味佳肴。为什么它不会被毒死呢？因为蜜獾从小跟母亲学习狩猎，经常被毒蛇和蝎子咬，早已对毒液有了免疫力。即便在激战中被毒蛇咬伤，它也能在数小时的昏迷中将毒液代谢完毕，醒来就能继续捕猎了。

另外，蜜獾不管遇到谁，都会正面迎击对方。身为完美的恫吓高手，它在奋力抵抗时会采取后退一步、前进两步的步法，同时还会放臭屁。如果被捕获，蜜獾绝不可能放弃抵抗、束手就擒，它会狠狠咬住对方的阴囊，让对方大出血。此外，由于它的皮肤无比坚韧，就连狮子的长牙都难以穿透。

被人类捕获的蜜獾简直是越狱之王！蜜獾逃跑的本领在南非声名远扬：它将石块、耙子、轮胎和其他杂物堆成一堆，借此翻越围栏；它还会挖洞逃跑或撬锁。蜜獾就是动物饲养员的噩梦。

个子小，但是壮实、聪明、勇敢（或者说鲁莽），经得起一切挑战。它曾经还是某位橄榄球冠军的精神偶像。

第六章

在严酷环境中求生存

冰雪中的帝王

帝企鹅

学名：*Aptenodytes forsteri*
体长 1.15—1.25 米

在严寒的南极求生存是帝企鹅所面临的最大挑战之一，它的身体呈流线型，非常适合游泳和潜水。得益于仅需极少氧气即可维持功能的血红蛋白和抗压能力极强的骨骼结构，这种体形最大的企鹅可以在 500 米深的水下停留近 20 分钟。这样一来，它就有充足的时间来捕食鱼类和甲壳纲、头足纲动物了。不过，面对零下 50℃的气温、时速 150 千米的刺骨寒风和零下 2℃的海水，帝企鹅必须首先经受住寒冷的考验。

为了抵御严寒、减少热量的流失，这种气质高贵的动物拥有一整套适者生存的法宝。首先是羽毛。帝企鹅的羽毛是所有鸟类中最密集的，基本覆盖了整个身体，隔热率超过 85％。特殊的肌肉组织让羽毛朝特定的方向生长，而且，在它的皮肤和羽毛之间，有一道空气隔热层，更有利于保存身体的热量。为了进一步将身体与严酷的外部环境相隔绝，每一根羽毛的基部还长有丝状的羽绒。另外它还拥有一层足有 3 厘米厚的脂肪。在发生严重热应激反应的情况下，帝企鹅能分泌两种激素（胰岛素和胰高血糖素）让身体尽快恢复稳定状态，即使在零下 47℃的环境中，帝企鹅也可以将体温维持在 37.5℃至 38.5℃之间。

除了羽毛、脂肪和激素，帝企鹅还拥有完美适应生存环境的血液循环系统，能在低温下提高血液的黏稠度，收缩外围血管，减少热量流失。除此之外，帝企鹅的鼻腔内还有一套空气循环系统，从而减少通过呼吸流失的热量。

在世界开始的地方重新开始。我将在白色的天堂里酣睡，在那里，太阳刚升起，企鹅就开始嬉戏，在玩闹间向我们展示生命的意义。我将在白色的天堂里酣睡，在那里，空气依然纯净，我沉浸其中，随风而游，恍如回到儿时美梦，旧日时光涌上心头。

——米歇尔·贝尔热（Michel Berger）

除了身体构造能适应寒冷的地带，帝企鹅的行为同样符合适者生存的准则。首先，帝企鹅经常用脂肪和尾脂腺分泌的蜡质梳理羽毛，改善羽毛的防水性，提高隔热性能。其次，无论身边有没有雏鸟，为了让身体暖和起来，它会一直保持运动，要么游泳，要么走路，要么抖动身体。再次，帝企鹅会采取一种明智且有效的措施：社会性体温调节，一群群聚在一起，抱团取暖，这是帝企鹅在极端低温和强风条件下做出的反应。社会性体温调节可有效减少热量从生物体内部散发到外部环境中。

作为唯一在南极冬季繁殖的动物，帝企鹅的一大目标便是为孵卵这件事积攒能量。它是怎么做的呢？首先，它会聚在一起，紧紧挤成一个“龟甲阵”。这个密集的防御阵型不为防御敌人，只为抵御严寒。数千只帝企鹅彼此紧紧靠在一起，每平方米内大约有 8 到 10 只，能将温度保持在 37.5℃。人们可能认为，最具竞争力的个体（体重大、有经验的帝企鹅）才能享受企鹅群的中心位置，年龄小的个体只能被排挤到外围，然而并不是这样。帝企鹅本身没有多少攻击性，它可以根据自己的需要选择抱团或者不抱团。孵卵期间，它能平等享受抱团取暖的温度；遭遇强烈的雪暴、冰冷刺骨的强风或者在交尾期间，它会时不时地内外交换，轮流享受中心最暖和的位置。

这种社会性体温调节机制非常复杂，帝企鹅究竟是如何具体运作的，有待人类进一步探索。

这片白茫茫的冰天雪地是如此寒冷，又如此炙热，美丽的帝企鹅向我们展现了它的勃勃生机。这如梦似幻的世界宛如我们想象中一尘不染的仙境，在这里，帝企鹅为生存而进行着如火如荼的斗争。

长触手的掘地动物

星鼻鼹

学名：*Condylura cristata*

体长 16—24 厘米

在地下求生存是许多鼹鼠所面临的挑战。在各种鼹鼠当中，星鼻鼹几乎彻底打破了人类想象的疆界。

这种半水生群居哺乳动物在白天和夜晚都十分活跃。它用各种植物做窝，其巢穴由数条隧道组成，有些隧道直接通到溪流或池塘。

在冬季，这种鼹鼠在雪堆里挖洞，在冰面下潜泳。星鼻鼹非常擅长游泳，喜食各种水生无脊椎动物、甲壳纲动物、软体动物和蠕虫，有时也吃鱼。它的眼睛极小，靠听觉和嗅觉探测猎物。

多亏了身上散发出的极具威慑力的恶臭，它几乎不必担心捕食者，但是猛禽和白斑狗鱼等大型捕食者还是会毫不犹豫地攻击它。

除了气味强烈，星鼻鼹还很擅长掘地，它能一下子挖出长达 270 米的地下隧道。

星鼻鼹那章鱼般的鼻子可真是够吓人的！但它很有魅力，身上到处蕴藏着奥秘。

星鼻鼹拥有出色完成这项工作所需要的一切，尤其是擅长挖泥土的前肢。它的前肢很短，末端很宽，肌肉发达，还有朝向外侧的强壮利爪。它的皮毛很薄，可以灵活滑动，有利于它在狭窄的隧道中行动。

星鼻鼹还进化出另一种能力，虽然它的眼睛非常小，几乎没有视力，却拥有出色的嗅觉（哪怕在水下）和极佳的触觉，可以说是所有哺乳动物中触觉最灵敏的物种之一。

它长长的鼻子呈盘状，上面长有22条对称的粉色触手，触手上分布着数千条神经纤维和上万个运动感受器，即埃米尔氏器。这样的鼻子可以探测水底的沉积物和地底隧道壁上的动静。星鼻鼹在挖掘隧道时会将鼻尖的触手折叠起来，收拢在鼻孔上方，使它免受尘土侵扰，平时，这些触手一刻不停地抽动，速度快得吓人。

星鼻鼹能探测到地底下的蠕虫。锁定蠕虫的位置之后，它能在不到1/4秒的时间里将蠕虫吞进肚子，要知道，它可是全世界进食速度最快的动物之一。因此，当星鼻鼹钻进隧道时，蠕虫会恐慌地涌向地表。

星鼻鼹的触手有不同的分工：较长的用来侦察距离较远的猎物，较短的则用来探测附近的猎物。

它只要用鼻子轻轻一碰，就能敏锐感受到物体的细腻质地吗？是怎样的基因让星鼻鼹发育出这样的鼻子？它的大脑又如何分析处理这么多来自鼻子的触觉信号？这种不会冬眠的鼹鼠在寒冬冰冷的水中潜泳时，又该如何保护敏感的鼻部触手呢？

——肯·卡塔尼亚（Ken Catania）

滚烫沙土中的杀手

角蝰

学名：*Cerastes cerastes*
体长 60—80 厘米

在沙漠中求生存是某些蛇类的目标。大多数蛇都是无害的，但角蝰却不是，它是沙漠中最危险的动物之一。角蝰的头部挺立着一对鳞片，长长的毒牙发达且灵活，一旦咬住猎物便可将毒液注入其身体内部。不过，角蝰的毒液并不一定会致人于死地，它毒液中主要的抗凝血成分有时只会引起出血性水肿。

作为卵胎生动物，角蝰产下的不是卵，而是已经孵化的活体幼蛇。这种动物美丽优雅，是动物中适应沙漠环境的代表。

角蝰时而在沙子上以优雅的波浪形前进，时而藏身沙中保护自己，不过这其实是为了埋伏起来等待猎物，所有伺机而动的捕食者都是如此。角蝰的颜色与沙子融为一体，这让它得以成为萨赫勒地区、撒哈拉沙漠以及阿拉伯半岛沙漠中的恐怖捕食者，以啮齿动物、蜥蜴、节肢动物和昆虫为食。

角蝰体表的花纹和虹膜的色彩完美模拟出了沙漠微妙的色调，与环境融为一体。它蜿蜒前行，行动十分缓慢，以免被察觉。为了避免深陷沙中，它在移动时总是以身体前后两点为支撑，其余部分弯成环状，向前甩动。这样一来，角蝰既可以在流动的沙土上向前爬行，又可以减少与炙热沙土的接触面积，从而调节体温。

从小，我对蛇的痴迷就超过了对它的恐惧，我致力于为这些不受人类喜爱的物种平反。我试图让人们明白，它是无与伦比的神奇动物，它的生物学特征绝对惊人。我在野外花了数千小时，伪装成一动不动的树干，只为把握机会好好观察它。

——弗朗索瓦兹·塞尔·科莱（Françoise Serre Collet）

角蝰的身体强壮又柔软，能够有节律地收缩和扭曲，轻盈地在沙丘上侧身而行。为了防止被沙子烫伤，它往往会以极快的腾跃方式前进，这种运动方式有助于它爬上陡峭的沙丘。

角蝰还有另一种对抗干旱的本领。在最热的天气里（44℃左右），它把自己埋在沙子里，只露出眼睛，这样可以使体内温度降低 10℃，不费吹灰之力地存活下来。它的活动时间与环境相适应，夏季在夜间，冬季在白天。

为了尽可能保留水分，角蝰的皮肤进化得尤其独特，由一层包裹着角蛋白的脂质构成，形成了完美的隔热屏障。脂质含量与周围环境的干旱程度有关，角蝰可以在蜕皮时调节脂质的厚度。

沙漠角蝰比森林里的蛇类更需要水分，因此它的肾脏进化出了尽可能保留水分的本领：排出的尿不是液体的，而是以尿酸为主要成分的固体，就像一粒粒小石头，从而最大限度地节约体内的水分。

还有一些人认为，在严重缺乏食物和水的极端环境下，角蝰会吸收毒液中的水分。这一假设还有待验证，其运作机制也有待进一步研究。如果事实真是这样，角蝰毒液的浓度就会更高，也更危险，能在 10 分钟内毒死一头单峰驼或一个人。

尽管它美丽、优雅、有力量，还拥有神奇的生理机能，但它还是会引起人的恐慌。据统计，全球每年有 200 万起毒蛇袭击事件，其中有 2 万至 9 万起是致命事件。但请不要忘记最基本的常识：只有 10% 的蛇会给人类带来危险，而且它的数量在世界各地都在不断减少。不管怎么说，蛇身上还有很多值得探索的领域，比如说它的智力。

展翅高飞的鸟

威尔逊天堂鸟

学名：*Cicinnurus respublica*
体长 16—21 厘米

为了在空中求生存，鸟类进化出各种各样的身体机能。要想在空中飞舞，就必须懂得如何飞行、悬停、迁徙、着陆。这些都是鸟类必须熟练掌握的技能。不过，有谁能比华美无双的威尔逊天堂鸟更适合展现高贵华丽的姿态呢?

这种栖息在森林的鸟类主要以节肢动物和水果为食。它最出名的特点便是雄性在求偶时会翩翩起舞，同时展现五光十色的羽毛。不过，最让人感兴趣的并不是它的求偶本领，而是它的飞行能力。

威尔逊天堂鸟在起飞时，起重要作用的不是翅膀，而是为其提供了强大驱动力的双腿。它会很多种起飞方式，比如：在陆地或水面来一段长长的助跑后垂直起飞，没有起跳动作；有风的时候乘风而起，没风的时候从树枝上纵身而下。无论用哪种方式起飞，从它失去支撑、克服地心引力的那一刻起，就要依靠双翅的力量了。起飞之后，它将在空中展示各种舞姿，飘逸动人。

威尔逊天堂鸟是一类在进化方面堪称完美的动物，它身体的各个器官都具备很强的适应能力：中空结构的轻盈骨骼，符合空气动力学的身形和翅膀构造，能持续提供能量的恒温机制，擅长控制气流的发达大脑和感觉器官，以及善于利用气流改变飞行方向的前肢。它还能在长途旅行中控制体重，出色地辨别方向。说到辨别方向的能力，信鸽的绝佳表现至今都无法完全用人类科学加以解释，尽管它的外表远远比不上威尔逊天堂鸟。

就算没有天堂，至少还有天堂鸟！

——夏尔-吕西安·波拿巴（Charles-Lucien Bonaparte）

鸟的种类不同，选择的降落地点也有所不同，有可能是树枝、平地，也有可能是岩石或水面。显而易见，落在不同地方的鸟各有高招。威尔逊天堂鸟一般会降落在树上，因为它的腿部形态让它具备完美的抓握力，可以稳稳地抓住枝干。

无论选择在何处落脚，不同种类的鸟在降落时都有一些共同点：它们的羽毛总是在即将降落时充分张开，以增加缓冲面积，同时也会增大身体与地面的夹角，利用上升气流增强减速效果；在降落的瞬间，它们的爪子会伸展开来，为身体提供进一步缓冲，就像飞机的起落架。鸟类的身体和飞机还真是相似呢！

威尔逊天堂鸟非常华美，尤其是雄性。它的美丽和求偶行为有时会让我们差点忘记它真正的属性：在空中翩跹飞翔的鸟。

拿破仑·波拿巴的侄子博物学家夏尔-吕西安·波拿巴是这种鸟类的命名者。他对当时动物学家总是用皇室成员名字给新物种命名的惯例十分厌烦，因此，他将这种鸟命名为“共和国天堂鸟”（Cicinnurus respublica）[1]，以表示对皇室的嗤之以鼻。

1. 夏尔-吕西安·波拿巴根据英国鸟类学家爱德华·威尔逊手中的标本，最早对这种鸟类进行了描述和命名，称其为“共和国天堂鸟”，其学名 *Cicinnurus respublica* 中的 respublica 即“共和国”之义。命名后数月，美国鸟类学家约翰·卡辛又将这种鸟称为“威尔逊天堂鸟”，沿用至今。又译“威氏极乐鸟”。

深海里的超能天才

斑点豹纹蛸

学名：*Hapalochlaena maculosa*
体长 10—15 厘米

在水中求生存是水生动物的目标。在适应海洋环境方面，有一种动物首屈一指，它就是斑点豹纹蛸。斑点豹纹蛸又称蓝环章鱼，是一种八腕目（有八条触手）底栖生物（生活在海床上）。

它栖息在珊瑚丛中，以甲壳纲动物、软体动物和小鱼为食。为了在水中呼吸，斑点豹纹蛸和鱼一样拥有鳃部。它的鳃呈羽状，隐藏在肌肉囊袋中，囊袋的开口位于触手后方。海水从囊袋开口处进入鳃部，鳃即可捕捉溶于水中的氧气。

斑点豹纹蛸用三个心脏来输送氧气：其中两个将血液泵入鳃部，使血液中充满氧气；还有一个叫作“系统循环心脏”，负责将含氧的血液输送到身体各部位。吸入鳃部的海水可通过其腹部下方可活动的漏斗状器官排出。快速排水可产生强大的推动力，在躲避捕食者、紧急逃生时派上大用场。

斑点豹纹蛸摆动触手和鳍在海床上爬行，它用触手捕捉猎物，用坚硬而锋利的喙撕碎食物。不过，它最出类拔萃的本领还要数保护自己的能力。在数百万个色素细胞的作用下，斑点豹纹蛸像许多头足纲动物一样具有色彩伪装能力，可以随时改变体表颜色，与其所处环境融为一体。

其他种类的章鱼也有各种保护自己的方式，比如：用贝壳掩护自己；用触手堵住某些捕食者的鳃（比如鲨鱼），让对方无法呼吸，从而为自己争取逃脱的机会；模仿其他生物的外观。

头足纲动物完全没必要羡慕脊椎动物，
它身上值得探索的东西太多了。

除了尽善尽美的伪装能力，斑点豹纹蛸还会喷出漆黑的水雾，用来隐藏行迹，争取逃生的时间。它唾液中的致命毒液含有神经毒素和河鲀毒素，毒性是整个动物界中数一数二的。这种剧毒足以杀死人类。一旦被它攻击，不出几分钟就会因呼吸窘迫而死亡。从这点来看，斑点豹纹蛸实在让人敬而远之……

为了在水中求生存，这种头足纲动物进化出了 3 颗心脏、数百万个神经元和非同寻常的感官系统。它的嗅觉极佳，触觉也敏锐，长有数千个独立吸盘的触手让它感知水压。它的视觉也很发达，能感受到折射在水面的光线。

不过，斑点豹纹蛸的生存能力还不止这些：人们发现，头足纲动物本身就有记忆力、学习能力和创新能力，即使雌斑点豹纹蛸在卵孵化后不久就会死亡，无法将知识传授给后代，但卵中的宝宝早已经透过卵膜来获取外界信息了。

有人说章鱼可以把船拉入海底。一个叫马格努斯的人扬言，有一种头足纲动物，身长足有1海里[1]，与其说是动物，还不如说是海岛。还有人说，尼德罗主教有一天在一块大岩石上设祭坛，刚做完弥撒，脚下的岩石竟然动了起来，沉入海里。所谓大岩石原来是条大章鱼。（《海底两万里》，上海译文出版社，杨松河译）

——儒勒·凡尔纳（Jules Verne）

1　1海里 =1.852千米。

后　记

当前的动物世界是漫长进化的结果。这种进化如今仍在继续，其机制极为复杂。在数不胜数的进化中，我们所了解的动物世界只不过是其中微不足道的一部分，无论是从未知物种的数量来看（可能占物种总数的90%），还是从动物们超乎想象、有待发现的能力来看（或许人类永远发现不了）……数百万年来，动物随着生存环境而不断进化，理解它和环境之间的关系对我来说是一种挑战，也是一场令我流连忘返的美梦。

你可以通过本书近距离了解动物世界的若干物种。单是这无数生灵中的少数，便足以挑战我们认知中的分类学、繁殖学、行为学、生理学和解剖学的标准。话说回来，在这个瞬息万变的世界里，每个物种不都是对科学提出的挑战吗？我们会发现怎样的宝藏、奇观以及美好的生命？如果我们愿意给动物世界一些时间，这个世界将向我们展现出更多的惊喜。一切都等着我们去探索，但我们必须快点行动，越快越好，毕竟欧洲80%的昆虫都已经消失，30%的鸟类也不幸与那些昆虫一同灭绝。

我希望今后仍有机会欣赏大自然的更多杰作并为之赞叹。我希望我的小儿子仍然能像我小时候那样，在祖母的花园里因为看见一只瓢虫而兴奋不已。无论是小蜘蛛还是大象，每一个生命都有自己的价值。可如今我们不再珍视生命的价值，这真是让人悲哀、愤慨、难过，让人无法忍受。我在短暂的人生中竟见证了那么多生物遭受苦难。

写下这些文字时，我不禁热泪盈眶。维克多・雨果曾写道："大自然在说话，人类却闭目塞听，如此想来，实在悲哀。"因此，我希望把自己在观察蜘蛛、青蛙、蜥蜴、大象、鹦鹉等动物时获得的幸福感传递给小亚历山大和更多的人。

每一次走进大自然，我都感到惊奇，觉得心潮澎湃。大自然给我带来了欢笑、眼泪、欣喜、恐惧、震惊、钦佩、赞叹和感动。只要我们愿意花时间去留心身边的环境，就会发现地上、空中和水里都生活着非凡的生命个体，它们都是无价的财富。请好好观察世界、观察每一个生命体吧，好好体会它们带给你的感动。

和那些生命体一样，人类也是神奇的物种。我至今还记得一个刚超过 1 毫米的生命在我腹中的心跳声。我们创造生命，我们代代传承，我们有能力完成伟大而美好的壮举。让我们从数次经历灭绝危机却仍顽强生存下来的生灵中得到启迪吧。

生命不止。让我们心怀敬畏和谦卑，一起行动起来，发挥人类的创造力，为保护这个生机勃勃的世界而付出行动。写下这些文字时，我不禁露出了微笑。很久以前，人类曾是善于做梦的物种……现在，让我们将生命的梦想延续下去吧。

诗意图鉴系列 5 本

从神秘莫测的动植物到地球上不为人知的隐秘角落

诗意图鉴用细腻的手绘插图和优美的文字带领你探索

变幻万千的自然万物、文明古城的前世今生和尚未发掘的无人之地